安徽省科技重大专项（编号：202103a05020026）资助
安徽省重点研究与开发计划（编号：202104a07020014）资助
国家自然科学基金(编号：41474026)资助
安徽省自然科学基金（编号：2008085MD114）资助

矿山采动沉陷灾害空天地井协同监测与分析决策公共服务云平台

余学祥　等　著

U0353278

中国矿业大学出版社

·徐州·

内 容 提 要

针对我国矿山开采过程中的沉陷地质灾害,本书通过整合 GNSS、InSAR、遥感及惯性导航系统等多源观测信息,采用 GIS、人工智能和大数据等技术,构建了一个具有精准识别、风险评估和灾害预警等功能的矿山采动沉陷灾害监测平台。本书内容涉及采动沉陷灾害识别、采空区稳定性评价、GNSS 自动化变形监测理论与技术、灾害演变机理和沉陷预测理论、集成监测技术与多源异构数据融合理论以及公共服务云平台的研发等多个方面。

本书的研究成果不仅可提升矿山采动沉陷灾害防治的技术水平,还可为矿山安全开采及矿山生态保护修复和耕地保护等全生命周期监测监管提供技术支撑。

本书可为从事矿山采动沉陷灾害监测及云平台开发的科研人员和工程技术人员提供参考,也可供高等学校测绘类专业及相关专业的本科生和研究生使用。

图书在版编目(C I P)数据

矿山采动沉陷灾害空天地井协同监测与分析决策公共

服务云平台 / 余学祥等著. —徐州 :中国矿业大学出

版社,2024.11. — ISBN 978 - 7 - 5646 - 6537 - 1

Ⅰ. TD327

中国国家版本馆 CIP 数据核字第 2024FD3252 号

书　　名	矿山采动沉陷灾害空天地井协同监测与分析决策公共服务云平台
著　　者	余学祥　吕伟才　方新建　李静娴　杨　旭　盛鸣红　谭　浩
	池深深　谢世成　韩雨辰　朱明非
责任编辑	路　露
出版发行	中国矿业大学出版社有限责任公司
	（江苏省徐州市解放南路　邮编 221008）
营销热线	(0516)83885370　83884103
出版服务	(0516)83995789　83884920
网　　址	http://www.cumtp.com　**E-mail**：cumtpvip@cumtp.com
印　　刷	苏州市古得堡数码印刷有限公司
开　　本	787 mm×1092 mm　1/16　**印张** 10　**字数** 256 千字
版次印次	2024 年 11 月第 1 版　2024 年 11 月第 1 次印刷
定　　价	50.00 元

（图书出现印装质量问题,本社负责调换）

前　言

　　煤炭是我国的基础能源和重要原料。煤炭工业是关系国家经济命脉和能源安全的重要基础产业。在我国一次能源结构中,煤炭将长期是主体能源。"十四五"时期,我国经济结构进一步调整优化,能源技术革命加速演进,非化石能源替代步伐加快,生态环境约束不断强化,碳达峰和碳中和战略的实施,对煤炭行业而言有机遇也有挑战。煤炭行业必须转变观念,树立新发展理念,准确把握新发展阶段的新特征、新要求,加快向生产智能化、管理信息化、产业分工专业化、煤炭利用洁净化转变,加快建设以绿色低碳为特征的现代化经济体系,以促进煤炭工业高质量发展,为国民经济和社会的发展提供坚实可靠的能源保障。

　　随着开采不断推进,矿山采动沉陷灾害的发生频率呈现增加趋势,这会对人民群众的生命和财产安全构成较大威胁。因此,统筹发展和安全以及加强风险预警、防控机制建设,保障能源和战略性矿产资源安全是当务之急。本书旨在构建矿山采动沉陷灾害空天地井协同监测与分析决策公共服务云平台,实现矿山采动沉陷灾害的精准识别、风险评估和预警。通过整合 GNSS、InSAR、遥感及惯性导航系统等多源观测信息,采用 GIS、人工智能、大数据等技术,从矿山采动沉陷灾害的自动识别、动态监测、理论模型构建、数据融合分析,到分析决策公共服务云平台的构建,形成了一个完整的技术研发与应用链条,该云平台不仅可为矿山采动沉陷防灾减灾提供技术支持,还可为矿山生态保护修复和耕地保护等全生命周期监管提供技术支撑。

　　全书共分为 6 章。第 1 章简要介绍了研究背景和总体研究方案;第 2 章主要介绍矿山采动沉陷灾害识别的关键技术和采空区稳定性评价的指标体系;第 3 章主要介绍基于全球导航卫星系统(GNSS)、超宽带(UWB)技术以及惯性导航系统(INS)等的空天地井集成的自动化变形监测理论与技术;第 4 章主要研究厚松散层开采沉陷灾害演变机理和沉陷预测理论;第 5 章主要研究 Lidar(激光雷达)、InSAR、UAV(无人机)、GNSS 等集成监测技术与多源异构数据融合理论;第 6 章面向矿山采动沉陷灾害中的生态环境修复与生态安全保障需求,主要研究矿山采动沉陷灾害数据的时空表达、数据建库、场景模拟和决策分析服务,以及设计和研发矿山采动沉陷灾害分析决策公共服务云平台。

　　本书由安徽理工大学余学祥教授,吕伟才教授,方新建博士,李静娴博士,杨旭博士,池深深博士,谭浩博士,博士研究生谢世成、韩雨辰、朱明非,安徽前锦空间信息科技有限公司、城市实景三维与智能安全监测安徽省联合共建学科重点实验室盛鸣红工程师等共同完成,全书由余学祥负责协调与统稿。

本书在编写过程中,吸纳了多年来的科研和教学成果,参阅了大量文献,引用了相关书刊中的资料和合作单位的科研成果,在此一并向有关作者和合作单位表示衷心的感谢!

本研究得到安徽省科技重大专项"北斗十典型地质灾害协同监测与快速预警云平台研发及示范应用"(编号:202103a05020026)、安徽省重点研究与开发计划"矿山采动沉陷灾害空天地井协同监测分析决策公共服务平台建设"(编号:202104a07020014)、国家自然科学基金"基于 GPS/BDS 组合的开采沉陷高精度快速监测关键技术研究"(编号:41474026)、安徽省自然科学基金"抗差化加权整体最小二乘估计关键算法研究"(编号:2008085MD114)、中煤新集能源股份有限公司"板集煤矿巨厚松散层深井单翼开采岩土移动规律及对工广建(构)筑物影响研究"(编号:ZMXJ-BJ-JS-2021-8)、兖矿能源集团股份有限公司"矿区沉降变形智能化监测预警系统研究及应用"(编号:1000B2023000043)、安徽前锦空间信息科技有限公司"无人机建构筑物影像的单体自动建模算法研究"(编号:AHQJ-KJHZ-202107)等项目的支持,在此表示感谢!

由于时间所限,书中难免存在疏漏或不妥之处,恳请广大读者批评指正。

著 者

2024 年 7 月 1 日

目　录

1 研 究 概 述

本书通过整合 GNSS、InSAR(合成孔径雷达干涉测量)、遥感及惯性导航系统等多源观测信息,采用 GIS、人工智能和大数据等技术,从矿山采动沉陷灾害的自动识别、动态监测、理论模型构建、数据融合分析,到分析决策公共服务云平台的构建,形成了一个完整的技术研发与应用链条。

1.1 研究背景和意义

煤炭资源作为我国的基础能源,在国家经济建设与能源安全等领域发挥着重要作用。随着开采不断推进,矿山采动沉陷灾害的发生频率呈现增加趋势,这会对人民群众的生命和财产安全构成较大威胁。因此,统筹发展和安全以及加强风险预警、防控机制建设,保障能源和战略性矿产资源安全是当务之急。目前,矿山采动灾害监测多采用现场调查、传统测量等方法,传统测量方法虽然精度较高,但存在工作量大、成本高、监测点稀疏等缺点,同时难以保证矿区土地及附属信息的实时快速更新。因此,采用新的技术手段在不接触地表的情况下实时、准确、高效地获取矿山土地、建(构)筑物的变化信息具有重要的现实意义和应用价值。

本书旨在构建矿山采动沉陷灾害空天地井协同监测与分析决策公共服务云平台,以实现矿山采动沉陷灾害的精准识别、风险评估和预警,以及发挥引领性的示范效应。该云平台不仅可为矿山采动沉陷防灾减灾提供技术支持,还可为矿山生态保护修复和耕地保护等全生命周期监管提供技术支撑。

1.2 主要研究目标

第一,在对矿山采动沉陷灾害进行识别的基础上,进行矿山采动沉陷灾害易发性及危险性分区评价。首先,对研究区进行制图单元的划分,然后,选择矿山采动沉陷灾害的诱发因子,生成矿山采动沉陷灾害易发性及危险性分区评价建模所需的数据集,最后,优选出与矿山采动沉陷灾害最贴合的分区方法,提高矿山采动沉陷灾害分区的精度与可信度,以制订合理有效的防灾减灾计划,发布更有针对性的风险应对措施,规避生态风险。对研究区进行生态稳定性评价,有利于优化国土空间开发格局,对实现区域可持续发展具有重要的理论与实践意义。

第二,针对矿山井上的变形监测,研究基于星基与地基增强系统的融合关键算法,以实现基于空天地融合导航增强服务的自动化监测。针对矿山井下的变形监测,研究矿山井上下基准构建、定位无缝连接,构建矿区全时域、全空域、基准统一的监测体系,以实现井上和井下的一体化变形监测。

第三,针对特殊地质采矿条件下采动沉陷特征的完备沉陷预计模型及其参数体系还缺乏深入研究这一问题,基于 InSAR 技术以及机器学习和多元非线性回归等方法,分析开采过程中的覆岩移动变化特征和开采空间向地表沉陷空间转化的规律,并构建动态地面塌陷三维虚拟现实模型,进行空间分析,生成地表沉陷区域损害等级分布图,以实现井下动态开采对地表建(构)筑物破坏的预警。研制的采煤沉陷预测预警系统软件,对研究矿区开采岩层移动机理及地表沉陷时空规律,路面及水域生态环境演变机理以及采动沉陷灾害预测、评估和预警等具有重要意义。

第四,研究空天地协同弹性集成监测技术,突破空天地协同监测弹性集成架构设计,函数模型和随机模型误差自感知、自更新与自优化,天地协同多源信号干扰与信息协同处理等关键技术,为实现天地协同弹性集成监测提供理论基础与技术支持;研究基于云存储的多源异构数据智能存储与管理技术、基于分布式处理模式的超大型非线性反演方程组的快速解算方法,构建基于云计算技术的海量观测数据批量处理与变形监测系统,重点解决集成多源数据流实时传输与解析问题及实时数据质量控制与参数优化问题,以实现变形监测结果的自动化生成。

最后,设计和研发矿山采动沉陷灾害空天地井协同监测与分析决策公共服务云平台,规范开采沉陷监测工作,提高开采沉陷监测工作质量。通过分析地表移动变形规律,建立准确的地表移动变形预测模型,可用以掌握开采引起的地表塌陷动态变化状态及对地表建(构)筑物的破坏程度,从而可为恢复与重建矿区生态环境、矿山开采沉陷工程的治理、村庄搬迁规划、开采沉陷动态监测监管等提供科学依据,还可为矿山生态保护修复和耕地保护等全生命周期监测监管提供技术支撑。同时,研发的云平台可在滑坡和矿区开采沉陷等监测和预警中起到示范作用。

1.3　研究思路和总体方案

1.3.1　矿山采动沉陷灾害识别与稳定性评价

在矿山采动沉陷灾害识别阶段,本书拟基于深度学习等方法,建立多源遥感数据的自动提取模型,以有效提高矿山采动沉陷灾害识别的准确性和效率。在深度学习模型训练过程中引入数据增强技术,如随机旋转、翻转和缩放等,进一步提高模型的泛化能力和鲁棒性。在矿山采动沉陷灾害易发性及危险性分区评价阶段,本书拟基于 R 聚类算法和变异系数,开发一个专门针对采动沉陷稳定性评价的高级模型。该模型不仅考虑了地质条件和开采数据的直接影响,还引入了先验信息和约束条件以提高评价的精确度和鲁棒性。

1.3.2　空天地井集成的自动化变形监测理论与技术

面向矿山自动化、高可靠、智能化变形监测需求,以及针对降低矿山生产成本,提升安全、效率、市场竞争力等要求研究基于空天地融合导航增强服务的矿山变形自动化监测。其主要研究内容包括:(1)研究星基与地基增强系统融合关键算法、设计兼容广域与局域的空天地融合导航增强服务体系,以提供多种尺度的实时/事后精密定位产品服务;(2)深度融合 GNSS、无线网络通信、传感器等技术,通过软硬件集成,研制自动化监测专用 GNSS 接收机及移动采集终端设备、自适应监测算法,以实现在复杂区域或特定场景下的连续、可用、稳健和可靠的分米、厘米或毫米级等多精度的自动化变形监测;(3)针对海量卫星导航定位数据智能化处理困难等问题,开展基于机器深度学习技术处理 GNSS 多星组网、多网融合、智能服务等的研究。

1.3.3 矿山采动沉陷灾害演变机理和预警

结合机器学习和多元非线性回归等手段,分析开采沉陷参数的演化规律及预计模型,研究开采沉陷相关参数的主控因素,揭示开采沉陷特征与松散层等地质采矿条件的关联机制;综合采用理论分析、计算机数值模拟等方法,分析开采过程中的覆岩移动变化特征和开采空间向地表沉陷空间转化的规律,研究厚松散层开采条件下的地表沉陷机理,并在此基础上分析产生地表变形的原因。本书拟以淮南潘谢矿区高潜水工作面为研究示范区域,结合相关地质条件和开采条件,根据多个观测站的实测资料,分析巨厚松散层下地表移动变形的规律,构建适用于淮南巨厚松散层下的开采地表沉陷预计模型及参数体系。

1.3.4 集成监测技术与多源异构数据融合理论

研究矿区大变形梯度条件下的 SAR(合成孔径雷达)信息提取方法,以为矿区地表塌陷、地裂缝、滑坡等灾害的识别提供基础;针对不同变形量级(如开采矿井和关闭矿井),集成 SAR、GNSS 及 Lidar(激光雷达)等监测技术,突破其弹性集成架构设计,函数模型和随机模型误差自感知、自更新与自优化,天地协同多源信号干扰与信息协同处理等关键技术,以为实现天地协同弹性集成监测提供理论基础与技术支撑。

1.3.5 矿山采动沉陷灾害分析决策公共服务云平台

面向矿山生态环境修复与生态安全等需求,研究矿山采动沉陷灾害数据的时空表达、数据建库、场景模拟和决策分析服务,研发矿山采动沉陷灾害监测与分析决策公共服务云平台。其主要研究内容如下:

(1)研发基于多传感器的空天地协同观测平台,构建应急救援资源管理、监测监控数据、导航及定位信息等与底层服务聚合的矿山"一张图"系统,实现空天地矿山"一张图"混合智能服务。

(2)基于时间、监测点、监测类型和灾害类型四个维度建立矿山采动沉陷灾害监测多维数据集,基于沉陷敏感性因素分析结果建立灾害敏感性多维数据集,构建完善的矿山采动沉陷灾害元数据与数据库。

(3)研究采动损害区域的三维场景快速建模技术,实现井下开采对地表主要建(构)筑物动态影响的模拟。

(4)研究采动损害态势感知信息接入与可视化服务技术,研发基于云端的采动损害评价分析决策公共服务平台,全面支撑采动损害的分析、评价与决策。

1.4 云平台的主要作用

矿山采动沉陷灾害空天地井协同监测与分析决策公共服务云平台(public service cloud platform for mining subsidence disaster analysis and decision-making by cooperative monitoring with air-sky-ground and well)简称PSPM平台,具有以下作用:

(1)为分析开采引起的地表建(构)筑物移动变形规律提供一种基于GIS(地理信息系统)与三维虚拟现实技术的空间分析手段。该云平台可集中管理已有的地质采矿资料、开采沉陷资料、测绘基础资料、观测站资料等。该云平台通过采用虚拟现实技术,建立研究区域三维虚拟现实的数字地层结构模型和数字地面模型,从而构建出地面塌陷三维虚拟现实模型,实现井下开采对地表主要建(构)筑物动态影响的模拟。

(2)为构建数字矿山提供重要的技术支持。按数据流和功能流进行划分,数字矿山包括五大类系统:数据采集系统、数据调度系统、应用系统、过滤系统和核心系统。其中,应用系统是核心,也是效率和效益的主要创造者。该云平台属于数字矿山中的数据采集系统和应用系统的研究成果,可为实现数字矿山提供重要信息。

(3)为矿区生态环境治理、推进科技创新成果惠及百姓生活提供技术支撑。大规模的煤炭资源开采在为国民经济发展注入动力的同时,也给矿区生态环境带来了严重的景观生态和社会问题:地表大面积塌陷、大量耕地被破坏、水土流失和土地荒漠化加剧。因此,该云平台可为矿区生态环境的恢复与重建、矿山开采沉陷工程的治理等提供技术支撑,有利于维持矿区的可持续发展。

(4)为矿区开采沉陷灾害预测预警提供有效的技术支持。该云平台以《建筑物、水体、铁路及主要井巷煤柱留设与压煤开采规范》为依据,结合研究区域的实际情况,重点进行开采沉陷移动变形评价指标体系的优化,结合开采过程,可预测井下开采对地表建(构)筑物的影响形态和程度。

(5)为矿区自动化变形监测提供理论与技术支撑。本书针对矿山变形监测中存在的监测成本高、外业劳动强度大、变形信息实时性低、数据处理分析自动化程度低等问题,拟以星基与地基增强技术、现代测量数据处理技术、网络通信技术、移动PDA(掌上电脑)技术、Mobile GIS(移动地理信息系统)技术、数据库技术等为支撑,通过系统设计与框架构建、关键算法研究、设备研制、系统集成与测试、工程应用等工作,建立矿山变形自动化监测系统,实现地表移动变形信息快速采集、高精度解算、自动化处理、高效管理与分析的目标。

本书从煤矿开采的实际需要出发,充分考虑了矿业领域的实际技术现状、人员现状,所研发的云平台能够较快地被掌握和使用。我国有多个大型煤炭基地,每年都需要进行大量的地表移动观测站的建立与数据处理分析、灾害的预警预报、开采沉陷预计与治理、土地复垦与规划、矿区生态环境治理等工作,云平台产品化后,能够推广应用于我国其他矿区。该云平台通过简单的改化后,可应用于山体滑坡的早期识别,也可应用于高层建筑物、边坡工程、城市地表和桥梁等的变形监测,还可用于以常规仪器和GNSS技术建立起来的各种城市控制网、工程控制网、矿区控制网等的数据处理。此外,矿山采动沉陷灾害空天地井协同监测与分析决策公共服务云平台还是数字矿山建设的核心软件之一。因而,其具有显著的经济效益和推广价值。

2 矿山采动沉陷灾害识别与稳定性评价

本章应用多个卫星平台获取的高分辨率遥感影像与地质数据、采矿资料等辅助信息,通过先进的图像处理技术进行标准化处理,包括图像裁剪、归一化、图像增强以及去噪等,构建了包含多维特征的标准化数据集;通过利用深度学习技术,构建了优化的 TransUNet 模型,该模型可自动提取关键的稳定性指标,为精准识别与评价矿山采动沉陷灾害提供强有力的工具;通过深入分析采动区域的地质数据、采矿资料及相关环境因素,利用 R 聚类算法和变异系数,开发了一个专门针对采动沉陷稳定性评价的高级模型。通过大量历史和现场数据的深度训练和优化,结果表明,该模型能够精确识别和评估矿山采动沉陷区域的稳定性。

2.1 研究目标

利用优化的 TransUNet 模型,提高从高分辨率遥感影像中自动识别矿山采动沉陷区域的准确率和效率;开发一种新的采动区稳定性评价方法,该方法基于 R 聚类算法和变异系数,能够准确评估矿山采动沉陷区域的稳定性,以支持矿区安全监测和管理。具体而言,本章的研究目标可分为以下几个方面:

(1)实现矿山采动沉陷区域的高精度自动识别,准确率达95%以上。

(2)通过提高边界识别的清晰度,确保识别出来的采动沉陷区域边界与实际相符,以便于后续的精确分析和处理。

(3)研发一种结合 R 聚类算法和变异系数的评价模型,以提高矿山采动沉陷区域稳定性评价的准确性和可靠性。

(4)通过实际案例验证评价方法的有效性,确保评价结果与实际情况高度一致,评价准确率达90%以上。

2.2 技术路线

在矿山采动沉陷灾害识别阶段,首先,从多个卫星平台获取高分辨率的遥感影像,确保获得的影像数据覆盖整个采动区域,采用高级图像处理技术对影像进行标准化处理,包括图像裁剪、归一化、图像增强以及去噪等,这些预处理步骤旨在优化影像数据,为后续的深度学习模型训练提供准确、一致的输入数据;其次,收集并整理采动区域的地质数据、采矿资料等辅助信息,通过数据清洗和预处理技术,构建一个包含多维特征的标准化数据集;然后,根据采动区域的地质特征和开采条件,利用先进的特征提取技术,从预处理后的遥感影像和辅助数据集中提取关键的稳定性指标,这些指标将作为 TransUNet 模型的输入数据,考虑遥感影像的空间特性和采动区域的特定需求,对 TransUNet 模型架构进行细致的调整和优化,包括但不限于调整卷积核大小、网络深度以及注意力机制的配置等操作,以提高模型对复杂地形和变化特征的识别能力;再次,使用经过筛选和标注的数据集对模型进行训练,采用前向传播、损失函数计算、后向传播和参数更新等步骤,通过迭代学习优化模型的参数,在模型训练过程中引入数据增强技术,如随机旋转、翻转和缩放等,以提高模型的泛化能力和鲁棒性;训练完成后,使用独立的验证集对模型进行初步验证,评估模型的准确率、召回率和 F1 分数等性能指标;最后,利用测试集进行综合性能测试,以确保模型在实际应用中的有效性和可靠性。

在采动区域生态稳定性评价阶段,首先,从多种来源收集采动区域的详细地质数据和开采历史数据,包括地质结构、煤层分布、开采数据等记录以及地下水位变化和周边环境影响等相关信息;其次,经过精细的数据清洗流程,剔除异常值和不一致的数据,通过高级预处理技术如数据标准化、归一化和特征缩放等,确保数据集的质量和一致性,以为后续的特征提取和模型训练提供高质量的输入数据;然后,基于 R 聚类算法和变异系数,构建一个用于评价采动区域稳定性的高级模型,利用大量历史数据集对模型进行深度训练和优化,该步骤不仅考虑了地质特征和开采条件的直接影响,还引入先验信息和约束条件来提高模型的精确度和鲁棒性;再次,在模型训练过程中,采用交叉验证和超参数调整等方法来确保模型在不同的地质条件和开采场景下都能保持高性能;最后,为了验证新方法的有效性,选取具有代表性的实际采动区域作为案例进行研究。本章的技术路线见图 2-1。

2.3 关键技术

2.3.1 基于深度学习技术的采动沉陷灾害识别

采动沉陷灾害是影响国民经济建设、安全生产生活以及生态环境协调发展的主要灾害之一。传统监测方法存在工作量大、成本高等缺点,难以实时更新矿区信息。遥感技术作为实时、动态的灾害提取手段,不仅可以用于对采动沉陷灾害进行监测分析,还可以用于对沉陷范围进行估算。

利用深度学习技术,不仅能够提取沉陷区域的浅层特征和高级语义信息,还能精确地检测沉陷范围以及分割沉陷边缘,在实践中表征出较高的识别准确度。然而,传统 CNN(卷积神经网络)中卷积操作本身识别信息的能力有限,不能很好地利用全局信息,且局部信息中远距离像素依赖关系不足。为了解决 CNN 的局限性,采用 CNN 和 Transformer 模型融合的流对齐 FATransUNet 模型,该模型可有效地将模型提取到的局部信息与全局信息结合在一起,实现高低分辨率特征影像的融合,获得更深层的语义信息。FATransUNet 模型的整体架构如图 2-2 所示。

FATransUNet 模型是一个结合 CNN 和 Efficient Transformer 的改进混合架构模型。受 UNet 结构的启发,其同样采用编码-解码结构。

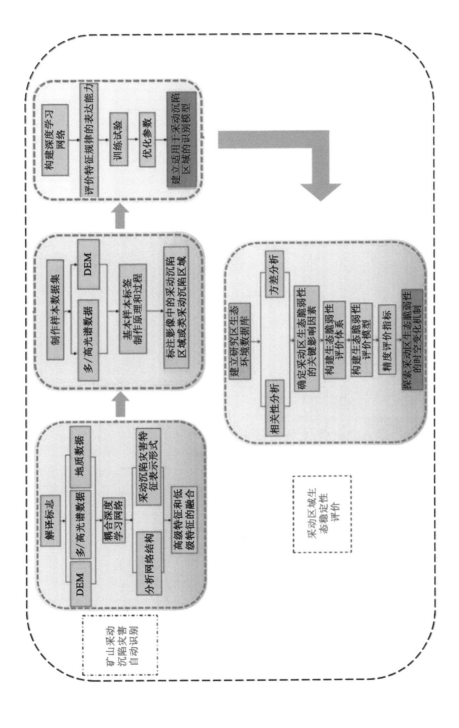

图 2-1 技术路线

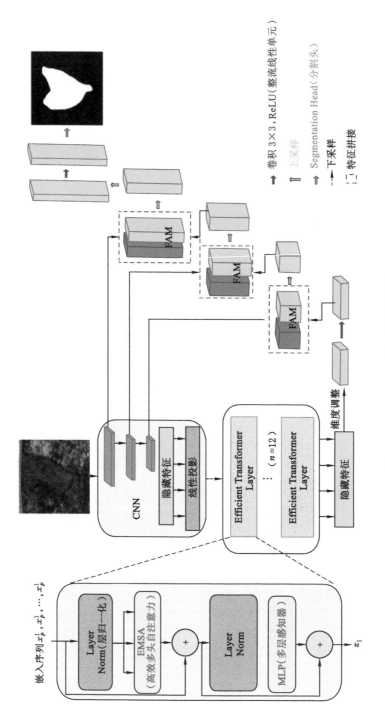

图 2-2 FATransUNet 模型的整体架构

FATransUNet 模型编码阶段由两部分组成，分别是 CNN 局部信息提取部分和 Efficient Transformer 全局信息提取部分。其中，CNN 局部信息提取部分采用 ResNet-50 架构。Efficient Transformer 全局信息提取部分中，在将二维序列输入 Efficient Transformer Layer 前，网络会在序列中加入位置编码，保留各个影像块的空间信息。之后将序列输入改进的 12 层的 Efficient Transformer 模块中进行全局信息的提取。Efficient Transformer 模块由 EMSA 和 MLP 组成。对于 Efficient Transformer 模块编码的第 l 层，假设输入为 Z_{l-1}，输出为 Z_l，则其计算公式为：

$$Z_l{}' = EMSA(LN(Z_{l-1})) + Z_{l-1} \tag{2-1}$$

$$Z_l = MLP(LN(Z_l{}')) + Z_l{}' \tag{2-2}$$

式中，LN 表示实例层归一化算子，Z_l 表示编码的影像。

FATransUNet 模型解码阶段的目的是将经编码器处理得到的特征图尺寸恢复成输入影像的同样尺寸，实现端到端的网络结构训练。将编码阶段输出的序列进行 reshape（即重塑形状）后，通过一个卷积层将特征图通道数由 768 转换为 512，之后进行 3 次 FAM 模块和 3 次上采样操作，最后经过一个 SegmentationHead 层，将特征图通道数转换为类别数，得到分割结果。

FAM 模块如图 2-3 所示，将高分辨率特征图和低分辨率特征图结合生成语义流场，利用语义流场将低分辨率特征图转化为高分辨率特征图。

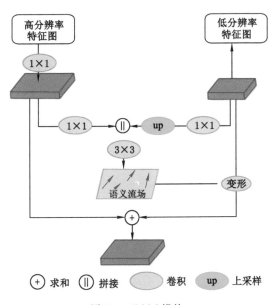

图 2-3　FAM 模块

具体操作步骤为：给定 2 个相邻的特征图 F2 和 F1，二者具有相同的通道数，通过双线性插值层将 F2 上采样到与 F1 相同的大小，然后将它们拼接在一起，并将拼接后的特征图作为包含 2 个卷积层的子网络的输入数据，卷积核的大小为 3×3，之后进行一个无参数的变形过程输出新特征图。变形过程（以滑坡为例）如图 2-4 所示，采用的是可微双线性采样机制，对于空间格网上的每个位置，通过加法操作映射后的点线性插值（左上、右上、左下和右下）的值来近似 FAM 模块的最终输出。与普通的双线性上采样特征相比，该变形过程产生的变形特征在结构上更加整洁。

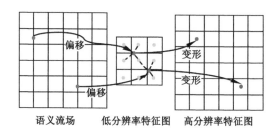

语义流场 　　　 低分辨率特征图 　　　 高分辨率特征图

图 2-4　变形过程

目前常见的损失函数是交叉熵损失函数（L_{ce}），由于滑坡数据集正样本相比负样本所占比例较小，为避免模型对样本较少的类别产生偏向性，本小节以交叉熵损失函数和 Dice 损失（L_{Dice}）函数构建的混合损失函数（L_{total}）来更新网络的权重，混合损失函数的表达式见式（2-3）。交叉熵损失函数是从全局上考察模型训练情况的，计算量较少，有助于网络的拟合。交叉熵损失函数和 Dice 损失函数的表达式见式（2-4）和式（2-5）。

$$L_{total} = 0.5L_{ce} + 0.5L_{Dice} \tag{2-3}$$

$$L_{ce} = -\left[\hat{y}\ln(y) + (1-\hat{y})\ln(1-y)\right] \tag{2-4}$$

$$L_{Dice} = 1 - \frac{2\,|\,\hat{y}\bigcap y\,|+\varepsilon}{|\,\hat{y}\,|+|\,y\,|+\varepsilon} \tag{2-5}$$

式中，$\hat{y}$ 表示真实的像素标签值（1 为滑坡，0 为背景）；y 表示预测的像素标签值；ε 表示一个可选的被动极小数值，是为了避免当 $\hat{y}$ 和 y 都为 0 时的问题；$\hat{y}\bigcap y$ 表示标签真实值和预测值之间的交集；$|\,\hat{y}\,|$ 和 $|\,y\,|$ 分别表示标签真实值和预测值的个数。

选取精确度（P）、召回率（R）、平均交互比（mIoU）和 F1-score（F1）四种常用的语义分割评价指标来全面客观地评估分类结果，同时验证分割模型的准确度和有效性。各评价指标的计算公式如下：

$$P = TP/(TP+FP) \tag{2-6}$$

$$R = TP/(TP+FN) \tag{2-7}$$

$$mIoU = \frac{1}{k+1}\sum_{i=0}^{k}\frac{TP}{FN_i + FP_i + TP_i} \tag{2-8}$$

$$F1 = 2PR/(P+R) \tag{2-9}$$

式中，TP、FP、FN 分别表示滑坡正确分类的像素点数量、背景错误识别成滑坡的像素点数量、滑坡分割被识别成背景的像素点数量。4 种评价指标的取值范围均为[0,1]，数值越接近 1，代表分割结果越显著。

2.3.2　采动区域生态稳定性评价指标体系的构建

在利用深度学习技术从遥感影像中提取采动灾害区域后，可进行相关的生态稳定性评价，顾及水文地质因素、采空区建设场地自身因素、外界环境因素对指标进行海选，遴选出评价指标。评价指标的量纲会对指标筛选产生影响，为消除该影响，需要对评价指标进行如下的标准化处理：

$$t_{ij} = \frac{Q_{ij} - \min(Q_{ij})}{\max(Q_{ij}) - \min(Q_{ij})} \tag{2-10}$$

式中，t_{ij}、Q_{ij}、$\max(Q_{ij})$、$\min(Q_{ij})$ 分别为第 j 个工作面第 i 个指标的标准化值、实测值、最大值和最小值。

通过 R 聚类算法将表达信息相同的评价指标聚为一类，使不同类别的评价指标反映不同的数据特征，以避免信息重复，保证指标体系可以全方面对矿区生态稳定性进行评价。其主要步骤如下：

（1）将 n 个评价指标视为 n 个类别。

（2）将 n 个评价指标中的任意两个评价指标归为一类而不对其他评价指标做任何处理，则共有 $n \cdot (n-1)/2$ 种方法，之后计算出每一类的离差平方和。假设 n 个评价指标被聚为 m 类，则第 l 类的离差平方和 S_l 为：

$$S_l = \sum_{l=1}^{n_l} (\boldsymbol{X}_l^{(i)} - \bar{\boldsymbol{X}}_l) \cdot (\boldsymbol{X}_l^{(i)} - \bar{\boldsymbol{X}}_l)$$

式中，$l = 1, 2, \cdots, m$；n_l 为第 l 类的评价指标个数；$\boldsymbol{X}_l^{(i)}$ 为第 l 类中的第 i 个评价指标的标准化向量（$i = 1, 2, \cdots, n_l$），$\bar{\boldsymbol{X}}_l$ 为第 l 类指标的平均实测值向量。

（3）根据计算得到的各方法总离差平方和，按总离差平方和最小的那一种方法进行重新分类，则 k 个类别的总离差平方和 S 为：

$$S = \sum_{i=1}^{k} \sum_{l=1}^{n_l} (\boldsymbol{X}_l^{(i)} - \bar{\boldsymbol{X}}_l)' \cdot (\boldsymbol{X}_l^{(i)} - \bar{\boldsymbol{X}}_l)$$

（4）重复步骤（3），直至分类数目为 m。

聚类后的评价指标需要通过变异系数筛选出信息含量最大的指标。变异系数的计算公式为：

$$\begin{cases} v_i = \sqrt{\dfrac{1}{G} \cdot \sum_{j=1}^{n} (Q_{ij} - \bar{x}_i)^2} \\ \bar{x}_i = \dfrac{1}{G} \sum_{j=1}^{n} Q_{ij} \end{cases} \tag{2-11}$$

式中，v_i 为第 i 个评价指标的变异系数，G 为待评价的工作面数量，Q_{ij} 为第 j 个工作面第 i 个指标的实测值，$\bar{x}_i$ 为第 i 个评价指标的平均值。

最后结合主成分分析方法与信息熵构建信息贡献测算模型，若筛选后的评价指标数量小于海选指标数量的 30%，但其信息贡献率大于 85%，则说明指标体系构建合理。其具体步骤如下：

（1）对标准化后的评价指标数据进行主成分分析，得到主成分指标矩阵 $\boldsymbol{F} = (f_{ij})_{n \times m}$，为避免评价指标表达信息的损失，按照累计贡献率达 100% 的原则选取主成分指标。

（2）计算建设场地稳定性主成分指标的打分值。打分公式为：

$$z_{ij} = \frac{f_{ij} - \min(f_{1j}, \cdots, f_{nj})}{\max(f_{1j}, \cdots, f_{nj}) - \min(f_{1j}, \cdots, f_{nj})} + 1 \tag{2-12}$$

式中，f_{ij} 为在第 j 个场地主成分变量 F_j 下第 i 个指标的标准化数据，打分结果可以使指标的取值范围变为 $[1,2]$，目的在于解决 f_{ij} 可能为负值以及在 $[0,1]$ 区间中指标为 0 时无法使用熵值的问题。

（3）测算所有主成分指标的信息量。本小节通过熵值法测算单一主成分指标的信息量。

首先，计算单一主成分指标的熵。设 p_{ij} 为第 j 个主成分指标 F_j 下的第 i 个样本的比重；z_{ij} 为第 j 个主成分 F_j 下的第 i 个样本的打分值。其中，$i=1,2,\cdots,n$；$j=1,2,\cdots,m$。p_{ij} 可以通过下式计算：

$$p_{ij} = z_{ij} \Big/ \sum_{i=1}^{n} z_{ij} \tag{2-13}$$

设 $H(F_j)$ 为第 j 个主成分指标的熵，则 $H(F_j)$ 的计算公式为：

$$H(F_j) = -\sum_{i=1}^{n} p_{ij} \cdot \ln p_{ij} \tag{2-14}$$

其次，计算场地稳定性主成分指标的信息量。设 $I(F_j)$ 为第 j 个场地稳定性主成分指标 F_j 的信息量，则主成分指标 F_j 的信息量为：

$$I(F_j) = \ln G - H(F_j) \tag{2-15}$$

然后，计算评价指标体系的总体信息量。设 $I(X_1,X_2,\cdots,X_p)$ 为场地稳定性评价指标 $X_1,X_2,\cdots,X_p$ 的总体信息量；$I(F_1,F_2,\cdots,F_m)$ 为所有场地稳定性主成分变量 $F_1,F_2,\cdots,F_m$ 的联合信息量。则 $I(X_1,X_2,\cdots,X_p)$ 的计算公式为：

$$I(X_1,X_2,\cdots,X_p) = \sum_{j=1}^{m} I(F_j) \tag{2-16}$$

最后，测算评价指标体系的信息贡献率。设 $X_1,X_2,\cdots,X_p$ 为场地稳定性海选的评价指标，$X_1',X_2',\cdots,X_s'$ 为筛选出来的评价指标，则筛选出来的指标相对海选指标的信息贡献率 r 的计算公式为：

$$r = \frac{I(X_1',X_2',\cdots,X_s')}{I(X_1,X_2,\cdots,X_p)} \tag{2-17}$$

式中，$I(X_1,X_2,\cdots,X_p)$ 为生态稳定性评价指标 $X_1,X_2,\cdots,X_p$ 的总体信息量，$I(X_1',X_2',\cdots,X_s')$ 为筛选出来的评价指标 $X_1',X_2',\cdots,X_s'$ 的总体信息量。

2.4 应用研究

2.4.1 基于 TransUNet 模型的高分辨率遥感影像采动沉陷灾害识别方法

本小节以毕节市的滑坡为例，采用公开数据集作为试验数据，来验证各模型的泛化性。研究区域面积约为 26 853 km²，海拔为 450～2 869 m，采集数据时间为 2018 年 5—8 月，该数据集是由 TripleSat(北京二号)卫星进行采集的，影像分辨率为 0.8 m，包含 770 幅滑坡影像和 2 003 幅非滑坡影像。由于该滑坡数据集只有 770 个滑坡样本，为避免数据量过少导致模型在训练过程中出现过拟合现象，同时提高模型的泛化性和鲁棒性，本小节采用数据增强技术来进行数据扩充。数据增强技术由 4 种影像变换组成：① 水平和垂直翻转；② 旋转215°；③ 像素亮度值在 50%～150% 之间进行变化；④ 对比度在 50%～150% 之间进行变化。最终获得 3 850 个滑坡样本，为避免样本之间的相似度过高而对模型训练的结果产生影响,本小节对数据增强后的数据进行随机打乱操作,将总数据的 80% 用于模型的训练和验证,20% 用于模型的测试。由于该滑坡数据集大小并不统一,故利用填充和剪切的方法,将图像设置为统一大小:256 pixel(像素)×256 pixel。

试验平台采用 Windows 11(64 位)操作系统;AMD R7-5800H 八核处理器,16 GB 内存;NVIDIA(英伟达) GeForce RTX3060 显卡(显存为 6 GB)。在软件环境方面,将 PyTorch 作为后端的深度学习框架,使用 CUDA(计算统一设备体系结构)11.3 版本的 GPU(图形处理器)运算平台以及对应的 cuDNN 深度学习 GPU 加速库。在训练过程中,使用相同的数据集分别对 6 个模型进行训练,所有模型均采用相同的训练方案,并未使用迁移学习方法(即未使用预先训练的权重)。所有模型在训练过程中均使用同一组超参数,这些超参数是在经过测试,并考虑每个模型的训练情况下确定的。优化算法、批次大小、初始学习率、权重衰减系数和训练次数分别为 Adam、4、0.000 1、0.001 和 60。学习率衰减策略采用 PyTorch 框架中的 StepLR(阶梯式学习率)方法。

FCN(全卷积神经网络)模型、U-Net 模型、SegNet 模型、DeepLabV3＋模型、TransUNet 模型和 FATransUNet 模型的训练过程如图 2-5 所示。

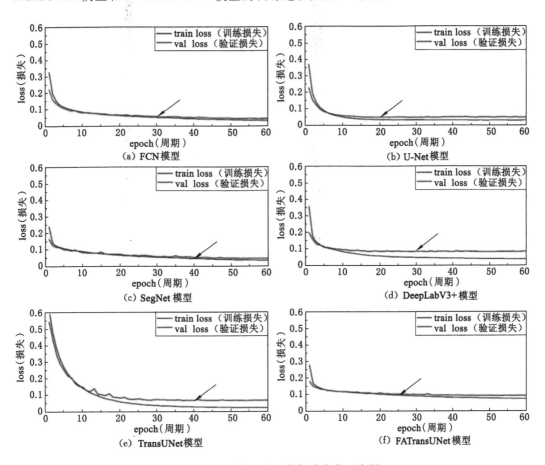

图 2-5　训练集和验证集损失变化示意图

图 2-5 中,U-Net 模型的损失最先在第 20 个 epoch 趋于平稳且收敛;其次是 FATransUNet

模型的损失在第 25 个 epoch 左右收敛;FCN 模型和 DeepLabV3＋模型的损失随着 epoch 的增加逐渐降低,均在第 30 个 epoch 左右上下浮动;TransUNet 模型和 SegNet 模型的损失变化较慢,在第 40 个 epoch 左右才趋于稳定。FATransUNet 模型训练过程中迭代的参数较多,但其收敛速度仅次于 U-Net 模型,同时 FATransUNet 模型是在 TransUNet 模型的基础上进行改进的且收敛速度快于 TransUNet 模型,这在一定程度上证明了 EMSA 和 FAM 两个模块在提升模型收敛速度方面的有效性。

图 2-6 所示为 6 种模型的预测结果,由图 2-6 可以看出,FATransUNet 模型的效果优于其他几种模型,能有效、合理、准确地提取滑坡的细节信息,提取过程较为稳定,细节保留度高。由于滑坡已经存在较长时间,附近植被较多,有些滑坡已经被植被覆盖,在遥感影像中显示为绿色,所以其滑坡特征并不明显,想要准确地分离滑坡和植被并不容易。观察这 6 种模型的滑坡识别效果可知,除了 FCN 模型提取效果较差外,其他 5 种模型均表现较优。因此,FATransUNet 模型可用于滑坡边界的精细化分割。

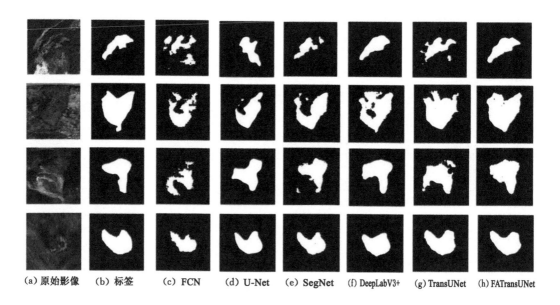

(a) 原始影像　(b) 标签　(c) FCN　(d) U-Net　(e) SegNet　(f) DeepLabV3+　(g) TransUNet　(h) FATransUNet

图 2-6　模型的预测结果

2.4.2　基于 R 聚类算法与变异系数的采动区稳定性评价

本小节将渑栾高速公路穿越千秋煤矿采空区路段下的 14 个工作面作为研究对象,渑栾高速公路下伏采空区如图 2-7 所示,各工作面评价指标原始数据如表 2-1 所示。

表 2-1　各工作面评价指标原始数据

准则层	指标层	小窑开采区域	未命名区域	18081	…	21141	21181	21201
	$X_{1,1}$	0.30	0.28	0.30	…	0.40	0.35	0.42
X_1	$X_{1,2}$	0.60	0.60	0.60	…	0.40	0.60	0.60
	$X_{1,3}$	0.60	0.40	0.35	…	0.30	0.40	0.42

表 2-1（续）

准则层	指标层	小窑开采层	未命名区域	18081	…	21141	21181	21201
X_2	$X_{2,1}$	0.20	0.50	0.60	…	0.70	0.60	0.65
	$X_{2,2}$	12.00	12.00	12.00	…	12.00	11.00	11.00
	$X_{2,3}$	11.28	35.57	51.26	…	61.82	240.00	250.00
	$X_{2,4}$	12.10	1.99	1.62	…	1.94	1.46	1.83
	$X_{2,5}$	40.00	36.00	33.00	…	8.00	15.00	11.00
	$X_{2,6}$	46.30	51.50	51.50	…	124.76	45.30	48.00
	$X_{2,7}$	13.70	118.50	173.50	…	555.24	674.70	702.00
	$X_{2,8}$	60.00	170.00	245.00	…	680.00	720.00	750.00
	$X_{2,9}$	5.32	4.78	4.78	…	11.00	3.00	3.00
	$X_{2,10}$	123.27	120.00	132.36	…	131.19	103.15	131.69
	$X_{2,11}$	726.00	300.00	396.82	…	1 321.00	1 053.00	1 372.00
	$X_{2,12}$	1.64	0.56	0.43	…	0.15	0.11	0.14
	$X_{2,13}$	9.68	1.41	1.30	…	0.55	1.17	1.46
X_3	$X_{3,1}$	0.80	0.20	0.20	…	0.20	0.25	0.20
	$X_{3,2}$	0.36	0.36	0.36	…	0.16	0.16	0.16
	$X_{3,3}$	0.43	0.09	0.27	…	0.44	0.73	0.26
	$X_{3,4}$	0.80	0.25	0.15	…	0.20	0.10	0.10

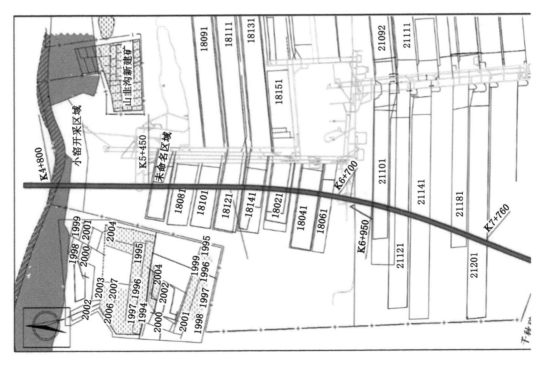

图 2-7　渑栾高速公路下伏采空区示意

对表 2-1 中的数据进行标准化处理,并利用 SPSS 软件按最小离差平方和原则对 X_1、X_2、X_3 准则层中的评价指标进行聚类分析。表 2-2 所示为基于 R 聚类算法和变异系数的指标筛选结果。其中,当最小离差平方和为 10 时,可以将 X_1 准则层中的 3 个指标分为 2 类,X_2 准则层中的 13 个指标分为 4 类,X_3 准则层中的 4 个指标分为 3 类,如表 2-2 中的第 6 列数据所示。

表 2-2　基于 R 聚类算法和变异系数的指标筛选结果

序号	准则层	指标层	聚类类别	变异系数	保留或删除
1		$X_{1,1}$构造复杂程度	1	0.70	保留
2	X_1水文地质因素	$X_{1,2}$覆岩结构特征	2	0.40	删除
3		$X_{1,3}$水文特征	2	0.93	保留
4		$X_{2,1}$开采方法	1	0.32	删除
5		$X_{2,2}$煤层倾角	1	0.55	删除
6		$X_{2,5}$停采时间	1	0.58	保留
7		$X_{2,10}$倾向推进长度	1	0.42	删除
8		$X_{2,3}$深厚比	1	0.90	保留
9		$X_{2,3}$弯曲带厚度	2	0.56	删除
10	X_2采空区建设场地自身因素	$X_{2,8}$煤层采深	2	0.55	删除
11		$X_{2,11}$走向推进长度	2	0.83	删除
12		$X_{2,9}$煤层采厚	2	0.73	删除
13		$X_{2,6}$导水裂隙带发育高度	3	0.74	保留
14		$X_{2,4}$采动程度	4	2.27	保留
15		$X_{2,12}$倾向采动系数	4	1.49	删除
16		$X_{2,13}$走向采动系数	4	2.26	删除
17		$X_{3,1}$变形类型	1	1.15	删除
18	X_3外界环境因素	$X_{3,4}$外荷载扰动深度	1	1.66	保留
19		$X_{3,2}$潜在残余变形	2	0.79	保留
20		$X_{3,3}$相对位置	3	0.59	保留

结合评价指标筛选结果,建立了顾及水文地质因素、采空区建设场地自身因素、外界环境因素,包括构造复杂程度、水文特征等 9 个指标在内的采空区稳定性评价指标体系,如图 2-8 所示。

对海选指标进行主成分分析,结果见表 2-3。当累计贡献率达 100% 时停止提取主成分,此时从原始的海选指标中提取了 13 个主成分。根据式(2-12)~式(2-17),测算出海选指标的总体信息量为 0.21(表 2-4)。

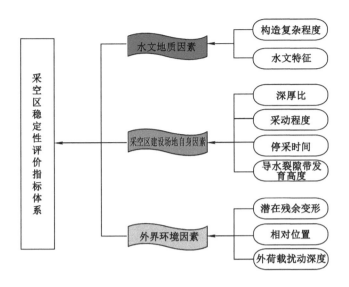

图 2-8 采空区稳定性评价指标体系

表 2-3 海选指标的主成分分析结果

序号	特征值	累计贡献率	特征向量 a_{ij}				
			a_{i1}	a_{i2}	$\cdots$	a_{i19}	a_{i20}
1	8.615	43.075	−0.192	0.099	$\cdots$	−0.070	0.295
2	4.496	65.556	0.101	0.009	$\cdots$	0.263	0.219
3	2.781	79.462	0.008	0.304	$\cdots$	0.143	−0.072
4	1.290	85.911	−0.339	0.502	$\cdots$	−0.297	0.049
5	1.002	90.919	−0.064	−0.364	$\cdots$	0.311	0.068
6	0.704	94.439	0.777	0.383	$\cdots$	0.056	0.086
7	0.606	97.469	−0.292	0.340	$\cdots$	0.780	−0.024
8	0.178	98.360	0.028	−0.322	$\cdots$	0.165	0.136
9	0.147	99.094	−0.186	−0.150	$\cdots$	−0.072	0.029
10	0.088	99.534	−0.071	−0.204	$\cdots$	0.009	0.058
11	0.062	99.846	−0.137	0.089	$\cdots$	−0.247	−0.088
12	0.019	99.942	−0.079	0.132	$\cdots$	0.015	−0.183
13	0.012	100.000	0.168	−0.136	$\cdots$	0.059	−0.266

表 2-4 海选指标的信息量测算结果

工作面名称	主成分指标			主成分指标打分			主成分指标的熵			主成分信息量			总体信息量
	F_1	⋯	F_{13}	z_1	⋯	z_{13}	$H(F_1)$	⋯	$H(F_{13})$	$I(F_1)$	⋯	$I(F_{13})$	
小窑开采区域	2.164	⋯	0.402	2.000	⋯	1.730							
未命名区域	0.660	⋯	0.335	1.536	⋯	1.451							
18 081	0.343	⋯	0.466	1.438	⋯	2.000							
18 101	0.003	⋯	0.388	1.333	⋯	1.670							
18 121	0.028	⋯	0.382	1.340	⋯	1.649							
18 141	0.135	⋯	0.346	1.373	⋯	1.498							
18 021	−0.094	⋯	0.296	1.303	⋯	1.288	2.261	⋯	2.620	0.02	⋯	0.02	0.21
18 041	−0.280	⋯	0.304	1.245	⋯	1.318							
18 061	−0.566	⋯	0.345	1.157	⋯	1.492							
21 101	−0.547	⋯	0.358	1.163	⋯	1.547							
21 121	−0.781	⋯	0.255	1.091	⋯	1.114							
21 141	−1.066	⋯	0.228	1.003	⋯	1.000							
21 181	−0.932	⋯	0.272	1.044	⋯	1.186							
21 201	−1.075	⋯	0.321	1.000	⋯	1.390							

同理,以图 2-8 所示的采空区稳定性评价指标体系中的数据为计算起点,所得的主成分分析结果见表 2-5,当累计贡献率达 100% 时停止提取主成分,此时共提取了 9 个主成分。根据式(2-12)至式(2-17),测算出评价指标的总体信息量为 0.18(表 2-6)。

表 2-5 评价指标的主成分分析结果

序号	特征值	累计贡献率	特征向量 a_{ij}				
			a_{i1}	a_{i2}	⋯	a_{i8}	a_{i9}
1	3.921	43.572	−0.638	0.625	⋯	−0.245	0.837
2	2.087	66.755	0.320	0.669	⋯	0.722	0.454
3	1.515	83.591	0.082	−0.039	⋯	−0.144	0.276
4	0.654	90.856	0.622	0.241	⋯	−0.423	0.008
5	0.509	96.511	0.296	−0.147	⋯	0.464	−0.048
6	0.215	98.904	−0.073	0.268	⋯	0.062	−0.101
7	0.072	99.699	−0.061	0.077	⋯	−0.009	−0.047
8	0.024	99.961	−0.006	−0.050	⋯	−0.011	−0.008
9	0.003	100.000	0.000	−0.010	⋯	−0.001	0.045

表 2-6 评价指标的信息量测算结果

工作面名称	主成分指标			主成分指标打分			主成分指标的熵			主成分信息量			总体信息量
	F_1	…	F_{13}	z_1	…	z_{13}	$H(F_1)$	…	$H(F_9)$	$I(F_1)$	…	$I(F_9)$	
小窑开采区域	1.803	…	0.160	2.000	…	1.269	2.620	…	2.618	0.02	…	0.02	0.18
未命名区域	0.934	…	0.190	1.606	…	1.536							
18 081	0.679	…	0.146	1.490	…	1.141							
18 101	0.302	…	0.237	1.319	…	1.949							
18 121	0.348	…	0.159	1.340	…	1.260							
18 141	0.524	…	0.243	1.420	…	2.000							
18 021	0.289	…	0.139	1.314	…	1.083							
18 041	0.131	…	0.204	1.242	…	1.661							
18 061	−0.165	…	0.146	1.107	…	1.145							
21 101	0.176	…	0.130	1.262	…	1.000							
21 121	−0.244	…	0.176	1.072	…	1.407							
21 141	−0.402	…	0.183	1.000	…	1.468							
21 181	−0.318	…	0.168	1.038	…	1.337							
21 201	−0.399	…	0.170	1.001	…	1.361							

结合表 2-4 和表 2-6,将结果代入式(2-17),得到筛选后的评价指标贡献率 $r=86\%$,这表明所构建的采空区稳定性评价指标体系用 $9/32=28\%$ 的评价指标反映了 86% 的原始海选指标信息,因此判定该评价指标体系构建合理。

3 空天地井集成的自动化变形监测理论与技术

本章通过整合 GNSS、UWB、INS 等尖端技术,构建了一个高度自动化的空天地井变形监测系统。这一系统旨在提升矿区变形监测的精确度、实时性以及在极端环境下的稳定性。在此基础上,研究并完善了一系列关键技术,包括多路径效应的实时修正、GNSS 信号的周跳探测与修复、室内外环境中无缝协同定位的精确实现,以及利用 GNSS 和加速度计等的数据精准重构动态位移和进行安全评估的先进算法。这些技术的应用显著提高了变形监测系统对不同监测环境的适应性和准确性,同时也为矿山的安全监控和环境保护提供了坚实的技术保障。

3.1 研究目标

本章旨在构建一个综合利用 GNSS、UWB、INS 等技术的空天地井集成自动化变形监测系统,提高矿区变形监测的精确度、实时性和鲁棒性,满足复杂环境下的动态和静态监测需求。

(1)通过融合不同技术来优化定位算法,以提高系统在复杂环境(如城市、峡谷、矿区等)下的定位精度和抗干扰能力。

(2)实现矿区动态变化和静态变形的实时监测,满足紧急情况下的快速响应需求。

(3)研发室内外协同定位模型,结合 UWB 和 GNSS 技术,实现高精度、低延迟的室内外无缝定位,特别是实现室内外过渡区域的精准导航和定位。

(4)开发一种集成 GNSS 和加速度计等的数据的动态位移监测和重构算法,该算法通过利用经验模态分解和滤波处理技术,提高了结构物振动监测的精度和效率,特别是在全频带动态响应的精确重构方面。

3.2 技术路线

在关键技术开发方面,首先,设计基于先验约束的多路径延迟模型,采用全变分正则化算法进行信号干扰的降噪和分离,以提升 GNSS 在多种环境下的定位精度;其次,提出一种新颖的周跳探测与修复策略,利用差分整周模糊度(DID)预测值辅助方法识别和修复周跳,以增强 GNSS 数据处理的鲁棒性;然后,研究室内外无缝协同定位技术,以有效整合 GNSS 的广域定位能力和 UWB 的高精度局部测距能力,优化室内外过渡区域的精准导航和定位技术;最后,利用 GNSS 和加速度计等的数据,通过经验模态分解和滤波处理技术,构建位移重构与安全评估方法,以实现对结构物全频带动态响应的精确重构,以及及时提供预警信息和决策支持,保障结构物的安全。

本章的技术路线如图 3-1 所示。

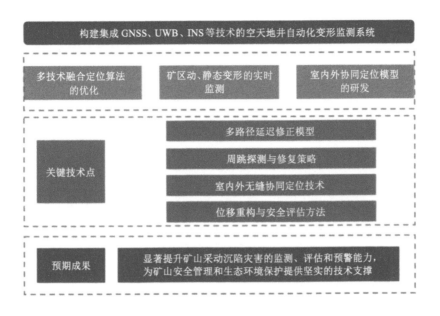

图 3-1 空天地井自动化变形监测系统总体技术路线

3.3 关键技术

3.3.1 基于先验约束的多路径延迟修正模型

卫星观测数据的质量是衡量系统服务性能的关键指标之一。多路径延迟作为导航定位服务中的主要误差来源,是全球导航卫星系统数据处理领域的研究热点。为实现 BDS(北斗导航卫星系统)多路径延迟的准确建模与消除处理,本小节提出一种基于先验约束的 BDS 观测数据多路径延迟一步修正模型。首先,通过全变分正则项对多路径序列进行稀疏建模处理,以实现在观测数据较少以及受噪声影响条件下的多路径序列的准确分离;然后,针对利用传统两步法进行趋势项与随机项建模时无法获得全局最优解这一问题(多步处理方法会造成模型误差累积,且会忽略参数间的相关性,间接导致无法获得参数的全局最优解),构建基于最小二乘原理和自回归(least square plus autoregressive,LS+AR)策略的模型系数一步估计方法;最后,针对实时或近实时等应用需求,提出一种基于先验约束的多路径延迟修正模型。

GNSS 数据处理中,为提取星地观测数据中的多路径延迟量,通常利用双频或多频观测数据的线性组合方法对其进行提取,计算式为:

$$Y_i^s(t_R) = P_i^s(t_k) - m_{ij}^s \cdot \lambda_i \cdot \varphi_i^s(t_k) + (m_{ij}^s - 1) \cdot \lambda_j \cdot \varphi_i^s(t_k) \qquad (3-1)$$

$$m_{ij}^s = \frac{f_i^2 + f_j^2}{f_i^2 - f_j^2} \tag{3-2}$$

式中，Y 为提取的多路径延迟量；f 和 λ 分别表示频率与波长；i、j 为不同频率的标记；s 为卫星标识；φ 与 P 分别表示载波与伪距观测值；t_k 表示第 k 个历元；m 为频率组合系数。

在多路径序列建模前，通常需要考虑噪声以及基础序列等对模型精度的影响，本小节引入全变分正则项算法对参数进行稀疏处理。设第 h 颗卫星序列为：

$$Y_h = X_h + \zeta_h \tag{3-3}$$

式中，Y 表示多路径延迟，X 表示以高度角（历元）为自变量构建的多路径序列；ζ 为噪声。为提升模型的稳健性，构建稀疏目标函数，其计算式为：

$$\min F(X_h) = \| Y_h - X_h \|_2^2 + \frac{\alpha}{2} \| X_h \|_2^2 + \beta \| X_h \|_1 + \gamma T(X_h) \tag{3-4}$$

$$T(X_h) = \sum_{r=1}^{N-1} X_h(r+1) - X_h(r) \tag{3-5}$$

式中，F_0 为目标函数；T 表示全变分正则项；N 与 r 分别表示总历元数与历元；α、β、γ 为稀疏目标函数的系数，可通过给定先验值或利用机器学习方法进行确定，如利用快速迭代收缩阈值算法(fast iterative shrinkage threshold algorithm，FISTA)进行循环迭代求解。基于由式(3-5)获取的正则化序列，设第 h 颗卫星在高度角 e 处的多路径延迟为：

$$X_h(e_{t_k}) = a_0^h + a_1^h \cdot e_{t_k} + a_2^h \cdot (e_{t_k})^2 + z_h(e_{t_k}) + \varepsilon_h(e_{t_k}) \tag{3-6}$$

式中，e_{t_k} 为 t_k 历元的卫星高度角；a_0、a_1、a_2 为多路径延迟修正模型的系数；ε 为模型误差；z 为随机部分。基于自回归(autoregressive，AR)模型，z 可进一步表示为：

$$z_h(e_{t_k}) = \sum_{d=1}^{p} \omega_k^d z_h(e_{t_{k-d}}) + \upsilon_h(e_{t_k}) \tag{3-7}$$

式中，ω 为自回归系数；p 为模型阶数；d 为历元间隔；υ 为零均值白噪声。式(3-7)表示的是随机序列与历史序列以及白噪声间的函数关系，其中，回归系数的阶数通常基于赤池准则(Akaike information criterion，AIC)进行求取：

$$\rho_{AIC} = \ln \Delta_p^2 + \frac{2p}{N-1} \tag{3-8}$$

式中，Δ 为模型中误差。在传统的多路径延迟模型构建与消除策略中，通常采用先趋势项后随机项的两步策略，这里对模型的系数进行一步估计，式(3-6)中的多路径延迟可整理为：

$$X_h(e_{t_{k+1}}) = R_h(e_{t_{k+1}}) + z_h(e_{t_{k+1}}) + \varepsilon_h(e_{t_{k+1}}) = A_h(e_{t_{k+1}}) \cdot b_h + z_h(e_{t_{k+1}}) + \varepsilon_h(e_{t_{k+1}}) \tag{3-9}$$

联立(3-8)和式(3-9)，可进一步得到：

$$\begin{aligned}
\zeta_h(e_{t_{k+1}}) &= X_h(e_{t_{k+1}}) - A_h(e_{t_{k+1}}) \cdot b_h - \varepsilon_h(e_{t_{k+1}}) \\
&= \sum_{d=1}^{p} \omega_h^d \cdot X_h(e_{t_{k+1-d}}) - A_h(e_{t_{k+1-d}}) \cdot b_h - \varepsilon_h(e_{t_{k+1-d}}) + \upsilon_h(e_{t_{k+1}}) \\
&= \sum_{d=1}^{p} \omega_h^d \cdot [X_h(e_{t_{k+1-d}}) - A_h(e_{t_{k+1-d}}) \cdot b_h - \varepsilon_h(e_{t_{k+1-d}})] + \zeta_h(e_{t_{k+1}})
\end{aligned}$$

$$\tag{3-10}$$

式中，$e_{t_{k+1}}$ 为 t_{k+1} 时刻的残差，$A_h(e_{t_{k+1}})$ 为第 h 个幅度项，$R_h(e_{t_{k+1}})$ 为误差在第 h 个自回归通道上所对应的关联度，b_h 为常数项，$\varepsilon_h(e_{t_{k+1-d}})$ 为 t_{k+1-d} 时刻的误差修正，d 为滞后阶数。

式(3-10)中，ζ 为简化后的模型误差。化简上式，可得：

$$\zeta_h(e_{t_{k+1}}) = X_h(e_{t_{k+1}}) - \sum_{d=1}^{p} \omega_h^d \tag{3-11}$$

$$= A_h(e_{t_{k+1}}) \cdot b_h - \sum_{d=1}^{p} \omega_h^d \cdot A_h(e_{t_{k+1-d}}) \cdot b_h + \zeta_{h'}(e_{t_{k+1}})$$

式(3-10)中，$\zeta_{h'}(e_{t_{k+1}}) = \varepsilon_h(e_{t_{k+1}}) + \zeta_h(e_{t_{k+1}})$，代表噪声项。累计所有观测数据，可得第 h 颗卫星模型参数的一步求解方程：

$$[\boldsymbol{K} - (\boldsymbol{I}_{n\text{-}p} \otimes \boldsymbol{\omega}_h) \cdot \boldsymbol{D}] \cdot \boldsymbol{X}_h = [\boldsymbol{F} - (\boldsymbol{I}_{n\text{-}p} \otimes \boldsymbol{\omega}_h^{\mathrm{T}}) \cdot \boldsymbol{Q}] \cdot b_h \tag{3-12}$$

式中，$\boldsymbol{K}$ 为估计量的权矩阵；$\boldsymbol{D}$ 为待估量方差矩阵；$\boldsymbol{F}$ 为状态转移矩阵；$\boldsymbol{Q}$ 为观测值协方差矩阵；$\boldsymbol{\omega}_h = [\omega_h^1, \omega_h^2, \cdots, \omega_h^p]^{\mathrm{T}}$；$\otimes$ 表示克罗内克积；$\boldsymbol{I}_{n\text{-}p}$ 为 $n\text{-}p$ 阶单位矩阵。设 u_p 表示 $n \times n$ 阶单位矩阵中的第 p 列，则式(3-12)中的各矩阵可分别表示为：

$$\boldsymbol{K} = \begin{bmatrix} u_{p+1}^{\mathrm{T}} \\ u_{p+2}^{\mathrm{T}} \\ \vdots \\ u_n^{\mathrm{T}} \end{bmatrix}, \boldsymbol{D} = \begin{bmatrix} G_{p+1} \\ G_{p+2} \\ \vdots \\ G_n \end{bmatrix}, \boldsymbol{G}_{p+1} = \begin{bmatrix} u_p^{\mathrm{T}} \\ u_{p-1}^{\mathrm{T}} \\ \vdots \\ u_1^{\mathrm{T}} \end{bmatrix} \tag{3-13}$$

$$\boldsymbol{F} = \begin{bmatrix} A_h(e_{p+1}) \\ A_h(e_{p+2}) \\ \vdots \\ A_h(e_n) \end{bmatrix}, \boldsymbol{Q} = \begin{bmatrix} M_{p+1} \\ M_{p+2} \\ \vdots \\ M_n \end{bmatrix}, \boldsymbol{M}_{p+1} = \begin{bmatrix} A_h(e_p) \\ A_h(e_{p-1}) \\ \vdots \\ A_h(e_1) \end{bmatrix} \tag{3-14}$$

式中，$\boldsymbol{M}_{p+1}$ 为多路径观测分量的系数矩阵；$\boldsymbol{G}_{p+1}$ 为几何矩阵，表示与卫星轨道、接收机位置或姿态有关的几何信息；$A_h(e_{p+1})$ 表示 $p+1$ 时刻的误差修正分量。

通过式(3-1)~式(3-14)可实现多路径序列的一步建模处理。在快速（实时或近实时处理）应用场景中，传统策略主要是基于估计的模型系数进行外推的。理论上，考虑复杂应用环境的影响，基于这种外推方法得到的多路径延迟量难以实现PPP（精密单点定位）中多路径误差的实时准确修正。因此，为了进一步优化BDS多路径延迟误差消除策略，实现模型系数的实时更新处理，本节提出一种顾及先验信息的多路径延迟模型参数处理策略。在获得先验模型参数及精度信息的前提下，由式(3-1)~式(3-14)可推导出第 h 颗卫星对应的误差方程：

$$\begin{cases} \hat{x}_0 = x + \tilde{\tau}_0 \\ \hat{\boldsymbol{P}}_0 \boldsymbol{V} = \boldsymbol{B}x + \eta \\ \boldsymbol{B} = [\boldsymbol{F} - (\boldsymbol{I}_{n\text{-}p} \otimes \boldsymbol{\omega}_h)^{\mathrm{T}} \cdot \boldsymbol{Q}] \\ \boldsymbol{V} = [\boldsymbol{K} - (\boldsymbol{I}_{n\text{-}p} \otimes \boldsymbol{\omega}_h)^{\mathrm{T}} \cdot \boldsymbol{D}] \cdot \boldsymbol{X}_h \end{cases} \tag{3-15}$$

式中，$\hat{x}_0$、x 分别表示先验值（估计的模型系数）以及模型的待估系数；$\boldsymbol{B}$ 和 $\boldsymbol{V}$ 分别对应式(3-12)中的系数矩阵；$\tilde{\tau}_0$、η 分别表示先验噪声以及观测噪声；$\hat{\boldsymbol{p}}_0$、$\boldsymbol{p}$ 分别为对应的先验权

矩阵与观测权矩阵。其中,$\hat{p}_0$ 可根据式(3-1)～式(3-13)估计出来的模型参数方差-协方差矩阵确定,p 可根据高度角定权的方法确定,即对任意历元 e_{t_k} 有:

$$P(e_{t_k}) = \delta^2(e_{t_k}) + \frac{\delta^2(e_{t_k})}{\sin^2(e_{t_k})} \tag{3-16}$$

式中,δ 为 GNSS 伪距观测值精度,一般取 0.3 m。在式(3-15)中,其对应的权矩阵可分解为:

$$\begin{cases} \hat{\boldsymbol{P}}_0 = \hat{\boldsymbol{R}}_0^{-1}(\hat{\boldsymbol{R}}_0^{-1})^{\mathrm{T}} \\ \boldsymbol{P} = \boldsymbol{R}^{-1}(\boldsymbol{R}^{-1})^{\mathrm{T}} \end{cases} \tag{3-17}$$

式中,$\hat{\boldsymbol{R}}_0$ 为先验观测噪声权矩阵,$\boldsymbol{R}$ 为修正的测量噪声权矩阵。

在利用式(3-14)拼接出路径序列后,结合式(3-1)～式(3-14)中对参数及噪声协方差的建模,采用相应的矩阵分块与变换算法,可将其扩展为对多参数的联合最小二乘方程。最终,结合式(3-15)～式(3-17)的推导过程,可得式(3-18)。

$$\begin{cases} \hat{\boldsymbol{R}}_0 \cdot \hat{x}_0 = \hat{\boldsymbol{R}}_0 \cdot x + \hat{\boldsymbol{R}}_0 \cdot \tilde{\boldsymbol{\tau}}_0 \\ \boldsymbol{R} \cdot \boldsymbol{V} = \boldsymbol{R} \cdot \boldsymbol{B}x + \boldsymbol{R} \cdot \eta \end{cases} \tag{3-18}$$

令 $\hat{\boldsymbol{z}}_0 = \hat{\boldsymbol{R}}_0 \cdot \hat{x}_0, \tilde{\boldsymbol{\tau}}_0 = \hat{\boldsymbol{R}}_0 \cdot \tilde{\boldsymbol{\tau}}_0, \boldsymbol{z} = \boldsymbol{R} \cdot \boldsymbol{V}, \boldsymbol{C} = \boldsymbol{R} \cdot \boldsymbol{B}, \eta' = \boldsymbol{R} \cdot \eta$,则式(3-18)可改写为:

$$\begin{cases} \hat{\boldsymbol{z}}_0 = \hat{\boldsymbol{R}}_0 \cdot x + \tilde{\boldsymbol{\tau}}_0 \\ \boldsymbol{z} = \boldsymbol{C} \cdot x + \eta' \end{cases} \tag{3-19}$$

式中,$\hat{\boldsymbol{z}}_0$ 为先验状态变量,$\boldsymbol{z}$ 为当前状态变量,$\boldsymbol{V}$ 为设计矩阵,$\boldsymbol{B}$ 为参数传递矩阵,$\boldsymbol{C}$ 为转换后的状态矩阵,$\boldsymbol{\eta}$ 为随机噪声项。

同时,基于 Householder(豪斯霍尔德)变换,式(3-19)可表示为:

$$\boldsymbol{H} \cdot \begin{bmatrix} \hat{\boldsymbol{R}}_0 \\ \boldsymbol{C} \end{bmatrix} \cdot x = \boldsymbol{H} \cdot \begin{bmatrix} \hat{\boldsymbol{z}}_0 \\ \boldsymbol{z} \end{bmatrix} - \boldsymbol{H} \cdot \begin{bmatrix} \hat{\boldsymbol{\tau}}_0 \\ \eta' \end{bmatrix} \tag{3-20}$$

式中,H 表示 Householder 变换。

进一步化简式(3-20)可以得到:

$$\begin{bmatrix} \hat{\boldsymbol{R}}_0 \\ 0 \end{bmatrix} \cdot x = \begin{bmatrix} \hat{\boldsymbol{z}}_0 \\ \theta \end{bmatrix} + \begin{bmatrix} \hat{\boldsymbol{\tau}}_0 \\ \hat{\eta}_\theta \end{bmatrix} \tag{3-21}$$

式中,$\hat{\boldsymbol{R}}_0$、$\hat{\boldsymbol{z}}_0$ 和 $\hat{\boldsymbol{\tau}}_0$ 分别表示式(3-20)中对应变换的参数矩阵;θ、$\hat{\eta}_\theta$ 分别表示模型残差及噪声。因此,模型参数的解可表示为:

$$x = \hat{\boldsymbol{R}}_0^{-1} \cdot \hat{\boldsymbol{z}}_0 \tag{3-22}$$

通过式(3-15)～式(3-22),可实现基于先验信息的模型系数的更新处理。利用提取的多路径序列进行建模参数优化,数据处理中需利用模型信息量(如 ρ_{AIC}),并基于历元间隔、模型参数以及观测精度动态判断所需的初始历元数目。在参数处理过程中,随着观测历元的增加,可根据卫星高度角的变化趋势(每隔 30°)对模型参数进行更新。

3.3.2 结合卡尔曼滤波的周跳探测与修复

结合电离层延迟本身的时变特性,本小节采用基于方差分量估计的方法,在线估计式(3-23)中历元间电离层延迟(DID)的噪声水平,并利用自适应卡尔曼滤波来求解 DID。

$$y(t) = \begin{bmatrix} \tilde{x}(t) \\ \Delta\tilde{\eta}(t) \end{bmatrix} = \boldsymbol{A}x(t) + \boldsymbol{\xi}, \eta \qquad (3\text{-}23)$$

式中,$\tilde{x}(t)$ 为状态参数 $x(t)$ 的估值;$\Delta\tilde{\eta}(t)$ 为历元间电离层延迟的增量,$\boldsymbol{A}$ 为与主状态量相联系的设计矩阵;$\boldsymbol{\xi}$ 为系统过程噪声,η 为测量噪声。

$$\boldsymbol{Q}_{\tilde{\xi}\tilde{\xi}} = \begin{bmatrix} \boldsymbol{P}(t) & \boldsymbol{Fc}_{t-1} \\ \boldsymbol{c}_{t-1}^{\mathrm{T}}\boldsymbol{F}^{\mathrm{T}} & \sigma_{\Delta\tilde{\eta}}^2 \end{bmatrix} = \bar{\boldsymbol{Q}} + \sigma_{\Delta\eta}^2, \boldsymbol{\Omega} \qquad (3\text{-}24)$$

式中,$\boldsymbol{Q}_{\tilde{\xi}\tilde{\xi}}$ 为增广噪声协方差矩阵,$\boldsymbol{P}(t)$ 为状态参数 $x(t)$ 的协方差矩阵,$\boldsymbol{F}$ 为主状态量与电离层增量之间的相关系数;$\sigma_{\Delta\tilde{\eta}}^2$ 为历元间电离层差分量的方差,$\bar{\boldsymbol{Q}}$ 为基准噪声协方差矩阵,$\boldsymbol{\Omega}$ 为与电离层差分量相关的加权矩阵。

式(3-23)中的设计矩阵 $\boldsymbol{A}$ 的奇异值可分解为:

$$\boldsymbol{A} = \boldsymbol{U}^{\mathrm{T}}\boldsymbol{D}\boldsymbol{V} = \boldsymbol{U}^{\mathrm{T}}\begin{bmatrix} \boldsymbol{D}_{3\times3} \\ \boldsymbol{O}_{1\times3} \end{bmatrix}\boldsymbol{V} \qquad (3\text{-}25)$$

式中,$\boldsymbol{U}$ 为 4×4 阶方阵,$\boldsymbol{D}$ 为 4×3 阶矩阵,$\boldsymbol{D}_{3\times3}$ 为去除 $\boldsymbol{D}$ 中第 4 个行向量后的矩阵,$\boldsymbol{V}$ 为 3×4 阶矩阵。对观测方程进行线性化,有:

$$z(t) = \boldsymbol{U}y(t) = \begin{bmatrix} \boldsymbol{D} \\ 0 \end{bmatrix}\boldsymbol{V}x(t) + \boldsymbol{U}\boldsymbol{\xi} \qquad (3\text{-}26)$$

式(3-26)中,$\boldsymbol{\xi}$ 为系统过程噪声;$z(t)$ 的最后一个元素 $z_4(t)$ 表示除估计参数以外的额外信息,这些额外信息刚好能被用于估计所需求解的方差分量,所以有 $z_4(t) = \boldsymbol{u}_4^{\mathrm{T}}\boldsymbol{\zeta}$($\boldsymbol{\zeta}$ 为中间变量或观测的增广向量)及以下公式:

$$z_4^2 \approx \mathrm{var}[z_4(t)] = \bar{\sigma}^2 + \frac{\sigma_{\Delta\eta}^2}{\omega^2}$$

$$\bar{\sigma}^2 = \boldsymbol{u}_4^{\mathrm{T}}\bar{\boldsymbol{Q}}\boldsymbol{u}_4, \omega^2 = \boldsymbol{u}_4^{\mathrm{T}}\boldsymbol{\Omega}\boldsymbol{u}_4 \qquad (3\text{-}27)$$

式中,$\boldsymbol{u}_4^{\mathrm{T}}$ 为 $\boldsymbol{U}$ 矩阵的第 4 行组成的向量,$\bar{\boldsymbol{Q}}$ 为基准噪声协方差矩阵,$\boldsymbol{\Omega}$ 为与电离层差分量相关的加权矩阵,$\bar{\sigma}^2$ 为基础方差部分,$\sigma_{\Delta\eta}^2$ 为历元间电离层延迟变化的方差。

式(3-27)中的方差分量估计为:

$$\hat{\sigma}_{\Delta\eta}^2 = \frac{\tilde{z}_4^2 - \bar{\sigma}^2}{\omega^2} \qquad (3\text{-}28)$$

式(3-28)中,当 $\omega \neq 0$ 时,即可估计该方差分量;当 $\hat{\sigma}_{\Delta\eta}^2 < 0$ 时,令 $\hat{\sigma}_{\Delta\eta}^2 = 0$。结合方差分量的先验信息与当前信息,有:

$$\sigma_{\Delta\eta f}^2 = \begin{cases} (1-\mu)\sigma_{\Delta\eta}^2 + \mu\hat{\sigma}_{\Delta\eta}^2 & (t > 10) \\ \dfrac{t-1}{t}\sigma_{\Delta\eta}^2 + \dfrac{1}{t}\hat{\sigma}_{\Delta\eta}^2 & (0 \leqslant t \leqslant 10) \end{cases} \qquad (3\text{-}29)$$

式中,$\sigma_{\Delta\eta f}^2$ 为当前历元最终的方差分量;t 为从初始历元开始累积到当前的历元数;$\sigma_{\Delta\eta}^2$ 为上一个历元的方差分量;μ 为学习率,其取值为 0.1。

μ 平衡了 $\sigma_{\Delta\eta f}^2$ 和 $\sigma_{\Delta\eta}^2$ 对 $\sigma_{\Delta\eta f}^2$ 的贡献,这相当于遗忘记忆,用于反映当前电离层延迟的活跃

程度。需要注意的是：① 方差分量估计和过程噪声方差应在第一个历元进行更新；② 如果方差分量出现异常（如严重偏离经验值），则直接将该方差分量赋值为经验值。

结合预测值，辅助进行分步式双/三频非差分观测量的周跳探测与修复，修复之前，选取宽/超宽巷组合观测量为第 1 类周跳检测量[对于双频为组合观测量 L_{MW}，对于三频为弱电离层伪距相位组合$(0,-1,1)$和$(1,4,5)$的观测量 L_{EWL1}，L_{EWL2}]，利用 DID 预测值修复后的 GF 组合量为第 2 类周跳检测量(L_{GF})，窄巷周跳为第 3 类周跳检测量(如第二、第三频率上的周跳 L_{N2} 和 L_{N3})。第 1 类与第 3 类周跳检测量用于周跳检测与修复；第 2 类周跳检测量用于对第 1 类和第 3 类周跳检测进行完备性检验，同时也用于周跳探测。具体实现时，首先确定相对容易求解的第 1 类周跳检测量(直接取整，而不是采用复杂的去相关或搜索算法)，然后确定第 2 类和第 3 类周跳检测量；最后在第 1 类与第 3 类周跳检测量确定后，联立即可求解双/三频周跳探测值，从而进行周跳修复。

设第一、第二频率上的周跳为 ΔN_1 和 ΔN_2，第 1 类周跳检测量的周跳为 ΔN_w(双频)、$\Delta N_{0/-1/1}$ 和 $\Delta N_{1/4/-5}$(三频)，第 3 类周跳检测量的周跳为 ΔN_3。则双/三频周跳有如下关系：

$$\begin{cases} \Delta N_1 = \Delta N_w + \Delta N_3 \\ \Delta N_1 = \Delta N_3 + \Delta N_{1/4-5} + 4\Delta N_{0/-1/1} \\ \Delta N_2 = \Delta N_3 - \Delta N_{0/-1/1} \end{cases} \tag{3-30}$$

基于式(3-24)重新整理的双/三频观测方程为：

$$\Delta\varphi' = \begin{bmatrix} \Delta\varphi_1 - \lambda_1\Delta N_w \\ \Delta\varphi_3 \end{bmatrix} = \boldsymbol{A}_d \begin{bmatrix} \Delta\boldsymbol{\varphi} \\ \Delta\boldsymbol{N} \end{bmatrix} - \boldsymbol{k}_d d\Delta\eta + \Delta\boldsymbol{\xi}_d \tag{3-31}$$

$$\Delta\varphi' = \begin{bmatrix} \Delta\varphi_1 - \lambda_1 N_{1/4-5} - 4\lambda_1 N_{0/-1/1} \\ \Delta\varphi_2 + \lambda_2 N_{0/-1/1} \\ \Delta\varphi_3 \end{bmatrix} = \boldsymbol{A}_m \begin{bmatrix} \Delta\boldsymbol{\varphi} \\ \Delta N_3 \end{bmatrix} - \boldsymbol{k}_m d\Delta\eta + \Delta\boldsymbol{\xi}_m \tag{3-32}$$

$$\boldsymbol{A}_d = \begin{bmatrix} 1 & \lambda_1 \\ 1 & \lambda_3 \end{bmatrix}, \boldsymbol{k}_d = \begin{bmatrix} k_1 \\ k_3 \end{bmatrix}$$

$$\boldsymbol{A}_m = \begin{bmatrix} 1 & \lambda_2 \\ 1 & \lambda_3 \end{bmatrix}, \boldsymbol{k}_m = \begin{bmatrix} k_1 \\ k_2 \\ k_3 \end{bmatrix}$$

式中，$\Delta\varphi_1$、$\Delta\varphi_2$、$\Delta\varphi_3$ 分别为三个不同频率($L1/L2/L3$)下的载波相位差分观测量，λ_1、λ_2、λ_3 分别对应三个不同频率下的载波波长，$\Delta\boldsymbol{\varphi}$、$\Delta\boldsymbol{N}$ 分别为观测量与模糊度向量，d 为与电离层相关的几何因子，$\boldsymbol{k}$ 为电离层项的线性系数向量，$\Delta\eta$ 为电离层延迟，$\Delta\boldsymbol{\xi}$ 为测量噪声项，$\boldsymbol{A}$ 为三频组合时所用的设计矩阵。

结合预测方差，即 $\sigma_{\Delta\eta}^2 = \text{var}[d\Delta\bar{\eta}]$，对于双/三频观测数据，得协方差：

$$\boldsymbol{g}_d = \text{cov}[\Delta\boldsymbol{\xi}_d, d\Delta\eta] = -\begin{bmatrix} \boldsymbol{O}_{2\times3} \\ \sigma_\varphi^2 b^2 \end{bmatrix} \boldsymbol{H}^\mathrm{T} \boldsymbol{F}^\mathrm{T} \boldsymbol{h} \tag{3-33}$$

$$\boldsymbol{g}_m = \text{cov}[\Delta\boldsymbol{\xi}_m, d\Delta\eta] = -\begin{bmatrix} \boldsymbol{O}_{3\times3} \\ \sigma_\varphi^2 b^2 \end{bmatrix} \boldsymbol{H}^\mathrm{T} \boldsymbol{F}^\mathrm{T} \boldsymbol{h} \tag{3-34}$$

式中，$\boldsymbol{g}_d$、$\boldsymbol{g}_m$ 分别为双频/三频组合的测量噪声与电离层延迟项之间的协方差；$\boldsymbol{H}$、$\boldsymbol{F}$、$\boldsymbol{h}$ 为协方差传播时的中间矩阵；$\sigma_\varphi^2 b^2$ 为载波相位测量基准噪声方差。

对于双/三频观测方程[式(3-31)和式(3-32)]，得协方差矩阵：

$$\boldsymbol{Q}_{\Delta\varphi_d} = \text{cov}[-\boldsymbol{k}_d d\Delta\eta + \Delta\boldsymbol{\xi}_d] = \sigma_{\Delta\eta}^2 \boldsymbol{k}_d \boldsymbol{k}_d^\mathrm{T} + 2\sigma_\varphi^2 \boldsymbol{I}_2 - \boldsymbol{k}_d \boldsymbol{g}_d^\mathrm{T} - \boldsymbol{g}_d \boldsymbol{k}_d^\mathrm{T} \tag{3-35}$$

$$\boldsymbol{Q}_{\Delta\varphi_m} = \text{cov}[-\boldsymbol{k}_m d\Delta\eta + \Delta\boldsymbol{\xi}_m] = \sigma_{\Delta\eta}^2 \boldsymbol{k}_m \boldsymbol{k}_m^\mathrm{T} + 2\sigma_\varphi^2 \boldsymbol{I}_3 - \boldsymbol{k}_m \boldsymbol{g}_m^\mathrm{T} - \boldsymbol{g}_m \boldsymbol{k}_m^\mathrm{T} \tag{3-36}$$

因此，双/三频观测方程可统一为最小二乘估计形式：

$$\begin{bmatrix} \Delta\hat{\varphi} \\ \Delta\hat{N}_3 \end{bmatrix} = (\boldsymbol{A}^\mathrm{T} \boldsymbol{Q}_{\Delta\varphi'}^{-1} \boldsymbol{A})^{-1} \boldsymbol{A}^\mathrm{T} \boldsymbol{Q}_{\Delta\varphi'}^{-1} \Delta\varphi' \tag{3-37}$$

式中，$\Delta\hat{\varphi}$、$\Delta\hat{N}_3$ 为通过最小二乘估计得到的组合相位量与整周模糊度，$\boldsymbol{Q}_{\Delta\varphi'}^{-1}$ 为观测噪声协方差矩阵。

把取整后的第 1 类与第 3 类周跳检测量代入式(3-30)后，即可求解第一频率和第二频率上的周跳。

3.3.3　多源数据融合的室内外无缝定位

利用全球卫星导航系统在室外环境下的定位优势，结合超宽带技术在室内环境下的高精度定位特性，通过扩展卡尔曼滤波融合 GNSS 和 UWB 的原始定位数据和测距信息，实现高精度的室内外无缝定位。UWB 的室内定位功能和卫星伪距定位原理相似，均通过观测多个已知坐标的定位基站，利用观测信息进行后方交会解算出定位坐标。在实际试验中，测试人员携带定位标签，这些标签按照一定的频率发射脉冲信号，不断将其与已知位置的基站进行测距，通过一定的精确算法确定标签的位置。此外，GNSS 的解算结果基于整个坐标参考系下的绝对坐标，而 UWB 基于局部参考系下的相对坐标。观测方程中融合基站的位置信息由 GNSS 载波观测量以双差形式和 UWB 测距值以非差形式组建，设在 t_1 时刻共有 4 颗共同观测卫星(编号为 1、2、3、4)，A 和 B 为参考卫星，观测方程见式(3-38)：

$$\begin{bmatrix} \varphi_{AB}^2, {}_1\lambda_1 - \rho_{AB}^{12}, {}^1 - \lambda N_{AB}^{12} \\ \varphi_{AB}^3, {}_1\lambda_1 - \rho_{AB}^{13}, {}^1 - \lambda_1 N_{AB}^{13} \\ \varphi_{AB}^4, {}_1\lambda_1 - \rho_{AB}^{14}, {}^1 - \lambda_1 N_{AB}^{14} \\ \varphi_{AB}^2, {}_2\lambda_2 - \rho_{AB}^{22}, {}^1 - \lambda_2 N_{AB}^{22} \\ \varphi_{AB}^3, {}_2\lambda_2 - \rho_{AB}^{23}, {}^1 - \lambda_2 N_{AB}^{23} \\ \varphi_{AB}^4, {}_2\lambda_1 - \rho_{AB}^{24}, {}^1 - \lambda_2 N_{AB}^{24} \\ p_{\text{uwb1}} - p_{\text{uwb1}}^0 \\ p_{\text{uwb2}} - p_{\text{uwb2}}^0 \\ p_{\text{uwb3}} - p_{\text{uwb3}}^0 \end{bmatrix} = \begin{bmatrix} (\boldsymbol{e}_r^2 - \boldsymbol{e}_r^1)^\mathrm{T} & \lambda_1 & -\lambda_1 & & & & & \\ (\boldsymbol{e}_r^3 - \boldsymbol{e}_r^1)^\mathrm{T} & \lambda_1 & & -\lambda_1 & & & & \\ (\boldsymbol{e}_r^4 - \boldsymbol{e}_r^1)^\mathrm{T} & \lambda_1 & & & -\lambda_1 & & & \\ (\boldsymbol{e}_r^2 - \boldsymbol{e}_r^1)^\mathrm{T} & & & & & \lambda_2 & -\lambda_2 & \\ (\boldsymbol{e}_r^3 - \boldsymbol{e}_r^1)^\mathrm{T} & & & & & \lambda_2 & & -\lambda_2 \\ (\boldsymbol{e}_r^4 - \boldsymbol{e}_r^1)^\mathrm{T} & & & & & \lambda_2 & & -\lambda_2 \\ \boldsymbol{e}_{\text{uwb}}^{1\ \mathrm{T}} & & & & & & & \\ \boldsymbol{e}_{\text{uwb}}^{2\ \mathrm{T}} & & & & & & & \\ \boldsymbol{e}_{\text{uwb}}^{3\ \mathrm{T}} & & & & & & & \end{bmatrix} \begin{bmatrix} V_{xyz} \\ N^1 \\ N^2 \\ N^3 \\ N^4 \\ N^1 \\ N^2 \\ N^3 \\ N^4 \end{bmatrix}$$

$$\tag{3-38}$$

式中，$\varphi_{AB}^m, {}_i^1$ 为测站 A 和 B 所观测的公共卫星和其他观测卫星间第 i 个频率的载波双差观测值；λ_i 和 N_{AB}^{ij} 代表当前时刻的载波相位观测量和整周模糊度；p_{uwbi} 代表 UWB 测距值；ρ_{AB}^i 和 p_{uwbi}^0 分别代表卫星和 UWB 基站的接收距离；e_r^i 和 e_{uwb}^i 分别代表 GNSS 测站和 UWB 标签对应于第 i 颗卫星和 UWB 基站的 3 个方向的方向余弦；V_{xyz}、N^i 代表 3 个位置参数和单差整周模糊度。

在动态模型化过程中，将运动载体的位置坐标、速度、加速度作为状态变量，假定过程噪声和观测噪声为高斯白噪声。此时，扩展卡尔曼滤波的状态向量 $\boldsymbol{X}_k$ 和状态转移矩阵 $\boldsymbol{\varphi}$ 为：

$$\boldsymbol{X}_k = \begin{bmatrix} x & v_x & a_x & y & v_y & a_y & z & v_z & a_z & c \cdot dt \end{bmatrix} \tag{3-39}$$

式中，$c \cdot dt$ 表示接收机钟差所对应的距离量。

$$\text{temp} = a^2 \cdot \begin{bmatrix} 1/20 \cdot T^4 & 1/8 \cdot T^3 & 1/6 \cdot T^2 \\ 1/8 \cdot T^3 & 1/3 \cdot T^2 & 1/2 \cdot T \\ 1/6 \cdot T^2 & 1/2 \cdot T & 1 \end{bmatrix} \tag{3-40}$$

式中，a 为加速度过程噪声的标准差。

$$\boldsymbol{\varphi} = \text{diag}(\text{temp}, \text{temp}, \text{temp}, 0, 0) \tag{3-41}$$

$$\boldsymbol{P} = \text{diag}(1.2, 1.2, 1.2, 1.2, 1.2, 1.2, 1.2, 1.2, 1.2, 1.2, 1) \tag{3-42}$$

式中，$\boldsymbol{X}_k$ 中的元素分别代表融合基站 3 个方向的位置、速度、加速度；状态转移矩阵 $\boldsymbol{\varphi}$ 中的 T 代表采样历元间隔；$\boldsymbol{P}$ 代表动态融合定位中状态向量的协方差矩阵初始值，其随历元增加不断迭代更新。

GNSS 系统可通过实时解算得到当前状态下运动载体的位置与速度信息，假设当前 $k-1$ 时刻和 k 时刻的位置分别为 (X_{k-1}, Y_{k-1}) 和 (X_k, Y_k)，则速度 V_x、V_y 与方位 M 的关系为：

$$\begin{cases} V_x = \dfrac{X_k - X_{k-1}}{t_k - t_{k-1}} \\ V_y = \dfrac{Y_k - Y_{k-1}}{t_k - t_{k-1}} \end{cases} \tag{3-43}$$

$$M = \arctan \frac{V_x}{V_y} \tag{3-44}$$

试验过程中，GNSS 系统的采样频率为 1 Hz，约束条件 M 为当前时刻的方位角，加入约束条件后，扩展卡尔曼滤波预测方程见式(3-45)。

$$\boldsymbol{X}_k = \boldsymbol{\Phi}_{k-1} \hat{\boldsymbol{X}}_{k-1} + \boldsymbol{B} W_{k-1}$$

$$\hat{\boldsymbol{P}}_k = \boldsymbol{\Phi}_{k-1} \boldsymbol{P}_{k-1} \boldsymbol{\Phi}_{k-1}^T + \boldsymbol{Q}_{k-1}$$

$$\boldsymbol{Z}_k = \boldsymbol{h}(\boldsymbol{X}_k) + \boldsymbol{V}_k$$

$$\bar{\boldsymbol{X}}_k = \boldsymbol{X}_k - \boldsymbol{M}^T (\boldsymbol{M} \boldsymbol{M}^T)^{-1} (\boldsymbol{M} \boldsymbol{X}_k - \hat{\boldsymbol{X}}_{k-1}) \tag{3-45}$$

式中，$\boldsymbol{X}_k$ 为系统状态向量在第 k 个历元的预测值，$\hat{\boldsymbol{X}}_{k-1}$ 为上一个时刻($k-1$)的状态估计值；$\boldsymbol{\Phi}_{k-1}$ 为状态转移矩阵；$\boldsymbol{B}$ 为过程噪声输入矩阵；W_{k-1} 过程噪声向量；$\hat{\boldsymbol{P}}_k$ 为状态向量在第 k 时刻的预测协方差矩阵；$\boldsymbol{Q}$ 为过程噪声协方差矩阵；$\boldsymbol{Z}_k$ 为预测向量；$\boldsymbol{V}_k$ 为测量噪声向量；

$\bar{X}_k$ 为通过约束条件修正后的状态向量;M 为约束条件矩阵。

式(3-45)中,$\bar{X}_k$ 表示通过约束条件对预测值进行的修正项,由于试验轨迹预设为矩形,因此我们通过最大限度地符合位置和速度约束条件,不间断地对载体运动的轨迹进行修正。载体或行人运动过程中会受到室内地形的约束,通常以直线行走为主,并且当前许多建筑物和设施都呈现矩形布局,因此,可以利用建筑物的地形和路线等地图信息对载体进行约束和纠偏。

3.3.4 动态位移重构与安全监测

在进行高精度变形测量时,GNSS 能够监测到结构的绝对变形,然而,受多路径误差、残余大气延迟误差等非建模系统误差的影响,动态测量的精度难以保证。GNSS 动态位移可以表示为:

$$y(n) = M(n) + D(n) + N(n) \tag{3-46}$$

式中,$M(n)$ 为观测中的多路径误差、电离层误差等低频噪声,$D(n)$ 为结构的真实动态响应,$N(n)$ 为随机噪声。

GNSS 信号主要包括结构实际振动信息、多路径误差和随机噪声 3 个部分。其中,多路径误差呈低频特性,频段为 0~0.2 Hz。切比雪夫滤波器是一种在通带或阻带上频率响应幅度等波纹波动的滤波器,能够削弱 GNSS 数据中的多路径误差。滤波处理流程如图 3-2 所示,可分为以下两个步骤。

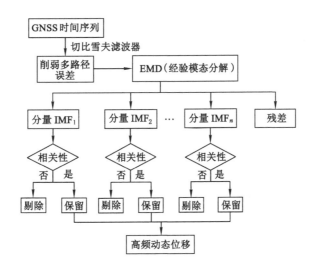

图 3-2 滤波处理流程

(1)利用切比雪夫滤波器来削弱 GNSS 数据中的多路径误差,根据试验设定的具体振动频率和幅值,设计滤波器参数。

(2)对削弱多路径误差的信号进行 EMD 处理,得到 n 个特征模态函数(IMF)和 1 个残余分量。对每个分量与加速度积分位移进行相关性分析,判断其是否为高频位移分量。重构相关系数较大的 IMF 分量,得到结构高频动态位移,剩余的分量用于提取结构低频动态位移。

加速度计采样频率高,能够获取高频信息,得到结构的振动响应。通过对去噪后的加速度数据进行二次积分可获取动态位移,但由于初始速度与位移未知,这可能会导致结果出现漂移,且位移结果不包括静态与准静态位移。本小节利用加速度计获取高频动态位移,利用GNSS提取低频动态位移和准静态位移,然后将两者结合以重构整体位移。首先使用带通滤波器去除加速度数据中的噪声,然后应用双积分方程计算位移:

$$s(t) = s_0 + v_0 \times t + \int_0^t \left(\int_0^t a(t) \mathrm{d}t \right) \mathrm{d}t \tag{3-47}$$

式中,$s(t)$ 为时间 t 的位移,$a(t)$ 为时间 t 的加速度,s_0 为初始位置,v_0 为初始速度。

初始位置 s_0 和初始速度 v_0 无法通过加速度计进行测量,只能通过单独的方法进行计算,可利用加速度计获得动态位移,然后将某个值作为初始位置来计算相对位移,并根据GNSS测量的静态或准静态位移进行调整。

3.4 应用研究

3.4.1 基于最小二乘法和自回归模型约束的北斗观测数据多路径延迟实时修正模型

为验证提出的 BDS 多路径延迟建模与消除策略的可行性,利用国际 GNSS 服务组织、全球连续监测评估系统(iGMAS)以及多模 GNSS 试验(MGEX)全球跟踪站的观测数据进行分析。可接收 BDS-3 观测数据的测站共有 273 个,观测时间为 2020 年 8 月 8 日至 8 月 15 日(年积日为 221～228)。任意选取 10 个 iGMAS 与 MGEX 测站,从 BDS-2 伪距偏差修正、BDS-3 多路径延迟建模与消除两个方面展开分析。其中,数据分析均基于单站处理过程。基于 2020 年 9 月 17 日至 10 月 16 日(年积日为 261～290)的 BDS-2 观测数据,构建 3 套对比方案,内容如下。

(1)方案一:基于式(3-1)提取 BDS-2 多路径延迟序列[图 3-3(a)],采用全变分正则化策略进行稀疏建模,输出相应的建模后的序列。

(2)方案二:基于多项式模型提取多路径延迟序列中的趋势项,利用 AR(自回归)模型对序列残差进行建模处理,分析最终的模型残差。

(3)方案三:利用本书提出的一步建模修正策略,对多路径误差与伪距偏差进行一步建模处理,输出相应的模型残差。

为说明不同方案之间的差异,图 3-3 所示为基于 MP1(B1I 频率)的原始序列以及 3 种方案对应的模型残差正态分布图,其中 μ 为残差均值,σ 为残差标准差。表 3-1 统计了不同方案所对应的 BDS-2 B1I 伪距偏差模型系数的标准差,即式(3-6)中 a_0、a_1、a_2 的标准差。为说明趋势项特性,通过参数处理流程输出 BDS-3 相应的模型参数。由图 3-3 与表 3-1 可以看出,基于全变分正则化系数建模可实现多路径延迟序列的优化处理;一步建模修正策略可实现优于先趋势、后随机(方案二)的两步建模效果,输出更稳定的模型参数;BDS-3 观测数据的多路径延迟中同样存在趋势项,在建模过程中仅采用 AR 模型(或视为白噪声)进行处理是不合理的,下面将进一步分析 BDS-3 观测数据。

表 3-1　不同方案所对应的 BDS-2 B1I 伪距偏差模型系数的标准差

卫星系统	a_0			a_1			a_2		
	方案一	方案二	方案三	方案一	方案二	方案三	方案一	方案二	方案三
BDS-2	0.064 2	0.0514	0.046 1	0.002 5	0.002 2	0.002 1	2.487×10^{-5}	2.334×10^{-5}	2.265×10^{-5}
BDS-3	0.019 0	0.0161	0.011 8	0.000 7	0.000 5	0.000 5	6.504×10^{-6}	4.658×10^{-6}	4.372×10^{-6}

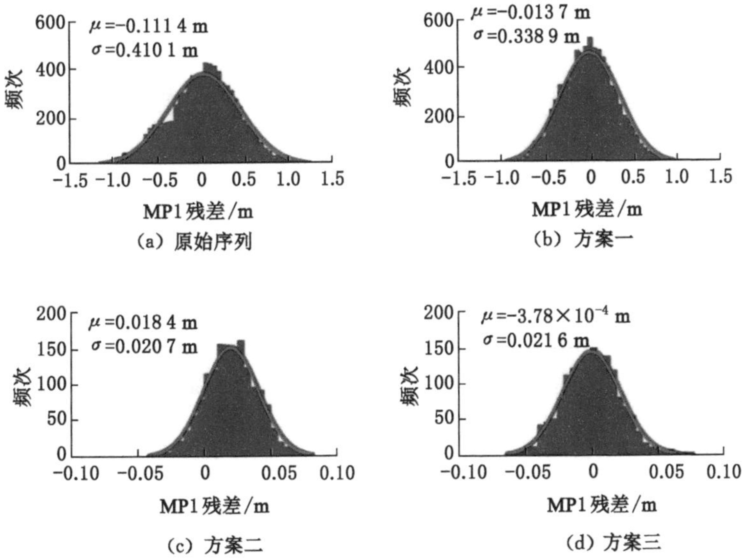

图 3-3　不同方案对应的模型残差正态分布图

在全变分正则化稀疏建模与模型参数一步估计的基础上,对 BDS-2 观测数据中的伪距偏差进行提取,以实现多路径延迟序列处理模型的优化。基于 BDS-3 卫星多频观测数据,进一步分析本书提出的一步建模修正策略的可行性。基于 MGEX 与 iGMAS 跟踪站的数据,设计了 3 组对比试验策略,内容如下。

(1) AR 策略:在提取的多路径延迟序列的全变分正则化预处理基础上,利用 AR 模型对 BDS-3 各频率上的序列进行建模处理,并分析建模后的序列残差。

(2) LS+AR 两步策略:为消除多路径延迟序列中的趋势项,首先基于多项式模型对随高度角变化的系统部分进行提取,然后利用 AR 模型对残差进行建模处理。

(3) LS+AR 一步策略:类似 LS+AR 两步策略,在建模过程中采用 LS+AR 方法对趋势项与随机项进行一步处理,并分析相应的建模后的序列残差。

为直观表示不同建模方案的效果,图 3-4 给出了不同方案下 BDS-3 多路径延迟建模的残差正态分布图。由图 3-4 可以看出,相对传统的 AR 策略,利用 LS+AR 进行 BDS-3 观测数据多路径延迟一步建模的模型残差更为稳定。

如前所述,针对实时或近实时等快速应用条件下的高精度服务需求,无法通过长时间序列进行建模处理,因此,本书提出了一种基于先验信息约束的多路径延迟模型精化策略。为了分析本书所提策略的可行性,下面基于 BDS-3 观测数据设计对比试验,对后一天的多路

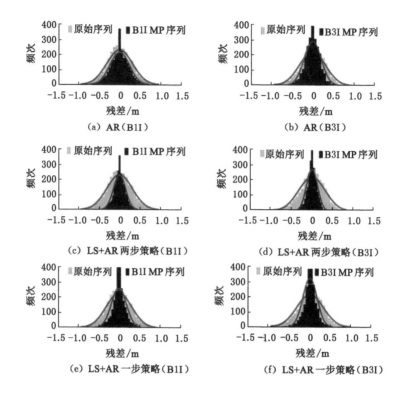

图 3-4　不同方案下 BDS-3 多路径延迟建模的残差正态分布图

径残差(MP)序列进行分析。

　　(1)试验一:基于 LS＋AR 一步策略估计趋势项与随机项的模型系数,对后一天的多路径延迟序列进行模型系数外推并校正多路径误差。同样,基于 AR 模型的系数进行外推,统计后一天 BDS-3 观测数据多路径延迟序列的残差。

　　(2)试验二:基于估计的模型系数以及后一天短时(1 h)积累的观测数据进行多路径延迟模型系数的精化处理,通过 AIC 筛选初始观测历元数,并分析后一天多路径延迟序列的残差。

　　图 3-5 所示为后一天不同方案中多路径延迟建模残差随高度角变化的序列。由图 3-5 可以看出,基于先验信息约束的多路径延迟优化策略能够获得更小的残差。同时,为了说明本书提出的优化策略的普适性,基于一周的 BDS-3 多频观测数据,统计不同频率下的多路径延迟序列残差的均方根误差(root mean square,RMS),结果见表 3-2。

表 3-2　不同频率下 BDS-3 观测数据多路径延迟序列残差的均方根误差　　　单位:m

对比试验	B1I	B3I	B1C	B2a
试验一	0.261	0.144	0.172	0.154
试验二	0.135	0.102	0.092	0.089

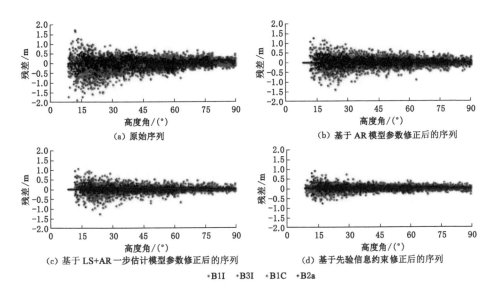

（a）原始序列　　　　　　　　　　　　（b）基于 AR 模型参数修正后的序列

（c）基于 LS+AR 一步估计模型参数修正后的序列　　　（d）基于先验信息约束修正后的序列

•B1I　•B3I　•B1C　•B2a

图 3-5　后一天不同方案中多路径延迟建模残差随高度角变化的序列

3.4.2　基于方差分量估计的卡尔曼滤波实时周跳探测与修复

算例数据采用国际 GNSS 监测与评估系统 SHA1 测站、多模 GNSS 试验跟踪网 JFNG 测站的 BDS 三频观测数据，采样间隔均为 30 s，采样时长分别为 17 h（2015 年 11 月 13 日 0:00 至 17:00）、6 h（2017 年 3 月 19 日 0:00 至 6:00），分别使用 SHA1 测站上观测的 C01、C02、C03、C04、C05、C06、C07、C08、C09、C010、C11 数据以及 JFNG 测站上观测的 C14 数据。试验前，对原始观测数据进行预处理，确保其不存在周跳。试验中，人为加入一定大小的周跳。使用上述 3 类周跳检测量（如 MW、EWL1、EWL2、GF、N3 检测量，周跳判断阈值分别为 3 周、1 周、1 周、0.05 m、1 周）对双/三频观测数据（加入周跳前与加入周跳后）进行周跳探测与修复。试验分析中，L12、L13、L123 分别表示第一、二频率，第一、三频率，第一、二、三频率上的载波观测量。

对 SHA1 测站的原始观测数据进行周跳探测与修复试验，统计 C01、C02 等 12 颗卫星在 3 种频率（L12、L13、L123）下的 DID 估计值、预测值、估计值与预测值的差值这 3 个量的平均值、最大值与标准差。三频观测下数据的估计值与预测值的变化情况如图 3-6（0 时段表示该时段无观测数据）所示，所有卫星的 DID 总体统计结果见表 3-3。

表 3-3　DID 总体统计结果　　　　　　　　　　单位:m

频率	平均值			最大值			标准差		
	估计值－预测值	估计值	预测值	估计值－预测值	估计值	预测值	估计值－预测值	估计值	预测值
L12	0.004	0.017	0.017	0.025	0.108	0.110	0.006	0.014	0.014
L13	0.005	0.017	0.017	0.029	0.110	0.108	0.007	0.015	0.014
L123	0.004	0.017	0.017	0.023	0.107	0.110	0.005	0.014	0.014

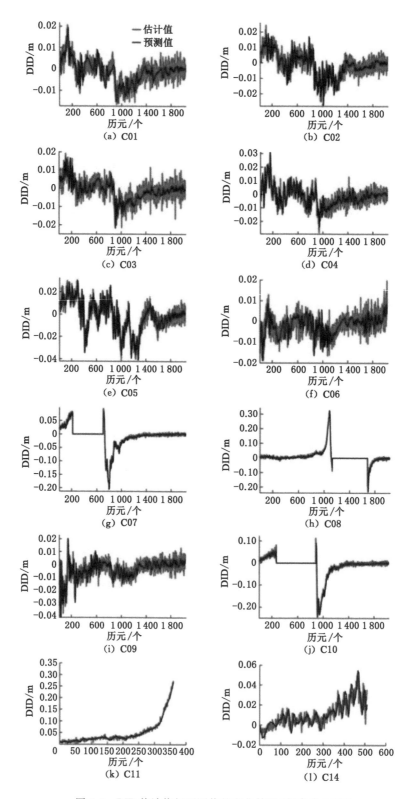

图 3-6 DID 估计值与预测值的变化情况（频率为 L123）

由图 3-6 可以看出,DID 预测值能够较好地反映其变化趋势,具有一定的平滑效果,而估计值则表现出一定的波动性,其原因是预测值是基于稳定的预测模型得出的,估计值是基于受干扰的噪声测量模型得出的。由图 3-6 还可以看出,每颗卫星的 DID 变化程度各不相同。由表 3-3 可以看出,DID 预测值与估计值标准差均未超过 0.015 m,二者差值的标准差均未超过 0.007 m,说明二者的求解精度较高;通过三频观测数据求取的估计值精度略高于双频。但总体而言,使用不同频率上的观测数据求取的 DID 精度基本相同。

在 SHA1 站 C11 号卫星的三频(L123)与双频(L13)观测数据中人为加入周跳,其周跳探测与修复结果见表 3-4,图 3-7 所示为其周跳实时修复情况(已排除大周跳的探测与修复),图 3-8 所示为其加入周跳后的 DID 噪声水平变化情况。在三频数据加入周跳后,DID 预测值的与估计值变化情况与图 3-6 中 C11 号卫星的情况完全相同,双频数据的情况与之基本相同,故均未给出。

表 3-4　C11 号卫星的周跳探测与修复结果

周跳				三频					双频			
L1/周	L2/周	L3/周	位置/历元	EWL1/EWL2/N3/GF	EWL1/周	EWL2/周	GF/m	N3/周	MW/GF/N3	MW/周	GF/m	N3/周
1	1	1	16	N(否)/N/Y(是)/N	0.049	0.036	−0.047	1.054	N/N/Y	0.281	−0.044	1.059
0	1	1	32	N/Y/Y/Y	−0.027	−0.996	−0.234	0.987	N/N/N	−0.805	−0.237	1.016
−120	−120	−120	48	N/N/Y/Y	0.024	0.016	5.318	−120.060	N/N/Y	−0.156	5.318	−120.053
−1	1	−1	65	Y/Y/Y/N	−1.926	8.042	0.045	−1.023	N/N/N	0.027	0.043	−0.980
−1	1	−1	65	Y/Y/Y/N	−2.018	7.995	0.045	−1.004	N/N/N	0.121	0.044	−0.966
0	0	1	80	Y/Y/Y/Y	0.935	−4.900	−0.235	1.163	N/N/Y	−0.965	−0.231	0.886
2	1	0	95	Y/Y/Y/Y	−1.037	6.083	0.387	0.064	N/Y/N	2.412	0.385	−0.025
4	−1	3	112	Y/Y/Y/Y	4.006	−14.937	0.064	2.971	N/N/Y	1.233	0.062	2.932
−1	0	0	127	N/N/Y/Y	−0.046	−1.098	−0.197	0.051	N/N/Y	−1.259	−0.195	0.067
0	−1	−2	145	Y/Y/Y/Y	−1.022	5.986	0.473	−1.993	N/Y/N	1.988	0.472	−1.986
−5	−3	−4	160	Y/Y/Y/N	−1.022	2.940	−0.015	−4.049	N/N/Y	−1.008	−0.018	−3.919
763	590	620	176	Y/Y/Y/Y	30.108	23.061	0.002	619.950	N/N/Y	142.890	0.007	619.844
−763	−763	−620	192	Y/Y/Y/Y	142.883	−715.002	−0.004	−619.785	N/N/Y	−143.393	−0.006	−619.875
9	7	7	208	N/Y/Y/N	−0.077	1.931	0.067	7.155	N/N/Y	1.689	0.070	7.096
2	0	1	226	Y/Y/Y/N	1.002	−2.981	0.144	1.116	N/N/N	0.675	0.151	0.928
9	1	−7	240	Y/Y/Y/Y	−8.015	47.851	3.380	−7.097	Y/Y/Y	16.043	3.376	−6.851
3	2	3	256	Y/Y/Y/N	1.142	−3.881	−0.135	3.070	N/N/Y	0.423	−0.136	3.064
3	1	−3	271	Y/Y/Y/Y	−4.093	21.966	1.283	−2.878	Y/Y/Y	5.942	1.285	−3.008
2	−1	2	288	Y/Y/Y/Y	2.876	−12.099	−0.081	1.842	N/N/Y	−0.007	−0.083	1.872
59	61	60	304	Y/Y/Y/Y	−1.040	3.022	−2.844	59.951	N/N/Y	−1.118	−2.844	59.882
1	1	0	319	Y/Y/N/Y	−0.868	5.063	0.194	−0.060	N/N/N	1.073	0.191	0.014
1	1	0	320	Y/Y/N/Y	−1.179	4.979	0.200	−0.013	N/N/N	0.811	0.198	−0.133

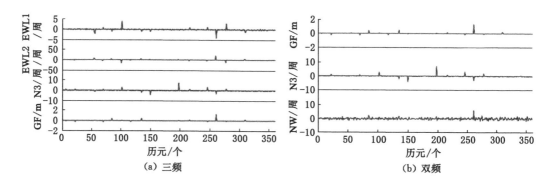

图 3-7 双/三频周跳实时修复情况

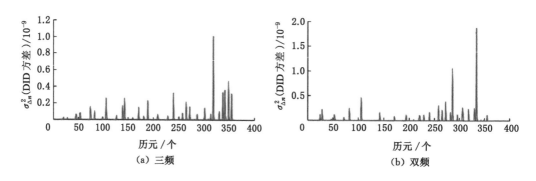

图 3-8 加入周跳后的 DID 噪声水平变化情况

表 3-4 和图 3-6 展示了 C11 号卫星的 DID 变化情况,图 3-7 中的 EWL1、EWL2、GF 检测量可以探测出绝大部分周跳组合,但 EWL1 检测量无法探测出仅发生在 L1 频率上或 L2 与 L3 频率上相等的周跳组合,EWL2 检测量无法探测出 3 个频率上周跳大小相等的周跳组合,GF 检测量无法探测出波长比倒数的(如 763∶620)周跳组合。MW 周跳检测量可以较好地探测大周跳组合,但是无法探测出小周跳(小于 1 周)和相同的周跳;N3 周跳检测量能够探测出除 0 周之外的所有第三频率上的周跳;联合使用这些周跳探测量可以探测出全部的小周跳、大周跳、连续周跳及不敏感周跳,并能够全部正确地修复。

表 3-4 和图 3-7 表明,该方法对双/三频数据均适用,且具有较高精度(正确率为 100%)。图 3-7 中 C11 号卫星的 DID 变化情况和图 3-8 中双/三频下求解的 DID 方差的变化情况基本一致。DID 的方差是不断变化的,其大小较好地反映了 DID 的变化程度,即电离延迟变化较大的地方,其噪声水平较大。

3.4.3 GNSS/UWB 紧耦合的室内外协同定位模型

选取某大楼进行室内外过渡区域的静态定位试验,UWB 基站位置及试验轨迹的真实位置可由全站仪测量得到。选取 6 个静态试验点,分别布置在楼前室外-过渡-室内区域,通过融合基站获得 GNSS 和 UWB 观测数据,利用程序进行紧耦合定位。试验中,6 个点位分别静态测试 300 个历元,采样间隔为 1 s。从室外 1 号点出发,尽量保持直线匀速沿 3→5→

6→4→2 的矩形轨迹进出教学楼(图 3-9)。试验采用载波差分模式和到达时间(time of arrival,TOA)模式观测 GNSS 和 UWB 数据,以一台融合基站作为基准站,另一台基站搭载在试验小车上,实时接收、记录和播发观测数据。同时,融合基站将两种原始观测数据上传到网络平台,进行解算和时间对准。观测时段为 5 月 22 日 03:19:54 至 04:11:12,共计 3 078 个历元,相应的周内秒为 544 774~547 852 s。

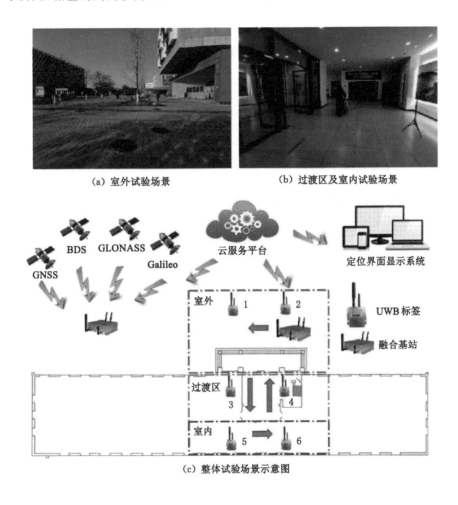

(a) 室外试验场景　　　　　　(b) 过渡区及室内试验场景

(c) 整体试验场景示意图

图 3-9　室内外试验场景

GNSS 和 GNSS/UWB 耦合定位系统的 HDOP(水平精度衰减因子)值、VDOP(垂直精度衰减因子)值如图 3-10 所示,横轴为时间序列,纵轴为各项 DOP(精度衰减因子)值。

由图 3-10 可以看出,GNSS 单系统在进入过渡区域后,VDOP 值随着可观测卫星数量的减少而显著增长,且超出了正常情况下 3.0 的阈值;而在加入 UWB 观测值后,GNSS/UWB 耦合定位系统的观测数量明显增加,VDOP 在试验过程中显著降低且保持相对稳定,满足了一般定位需求的阈值。试验过程中,GNSS 单系统基本将 HDOP 值控制在阈值边缘,但随着观测环境的变化,图像显示其缺乏一定的稳定性;而在加入 UWB 观测值后,由于 UWB 6 个基站与试验小车上的定位基站基本处于同一水平面上,GNSS/UWB 耦合定位系

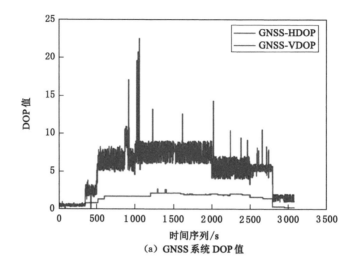

（a）GNSS 系统 DOP 值

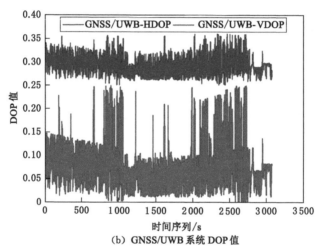

（b）GNSS/UWB 系统 DOP 值

图 3-10　GNSS、GNSS/UWB 双系统 DOP 值对比示意

统成功将 HDOP 值控制在 1.0 的最优阈值内。试验结果表明，GNSS/UWB 耦合定位系统在观测环境切换的同时，保持了良好的信号源几何空间分布结构。

　　图 3-11 所示为两种方法的方位角计算结果，图 3-12 所示为融合定位结果接受地图约束前后定位轨迹的对比情况，表 3-5 统计了加入地图约束的方位角及解算的原始方位角与真实方位角之间的误差数值关系。通过将解算的原始方位角分别与加入地图约束的方位角进行对比分析，结果表明，加入地图约束的方位角平均绝对误差比原始方位角的误差分别降低了 67.96％、78.74％、78.11％、66.53％；加入地图约束的方位角和真实方位角的最大误差与原始方位角和真实方位角的最大误差相比，分别降低了 88.44％、68.90％、93.24％、66.88％。因此，加入地图约束的方位角相对原始方位角在精度上有了较大提升。

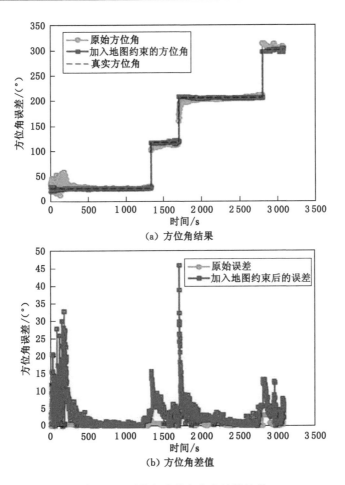

图 3-11　两种方法的方位角计算结果

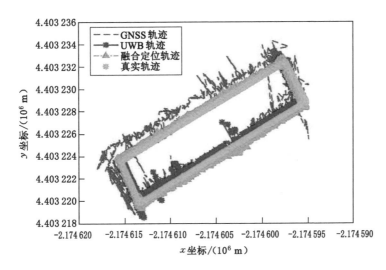

图 3-12　融合定位结果接受地图约束前后定位轨迹的对比情况

表 3-5　方位角误差对比分析结果

误差		真实方位角 26°	真实方位角 117°	真实方位角 206°	真实方位角 301°
最大误差角 /(°)	原始方位角	32.821	15.612	45.913	13.294
	加入地图约束的方位角	3.795	4.855	3.106	4.403
平均误差 /(°)	原始方位角	4.856	4.967	5.811	4.780
	加入地图约束的方位角	1.556	1.056	1.272	1.600

由此可以得出以下结论:① 在建(构)筑物密集或信号不良的典型定位场景下,可见卫星数量随着用户靠近建(构)筑物及进入过渡区急剧减少,UWB 系统的加入为 GNSS/UWB 耦合定位系统定位稳定性和精度的提升提供了必要条件;② 当可见卫星数量为 3~5 颗时,GNSS/UWB 耦合定位系统仍然表现出高稳定性,即其抵抗恶劣城市环境的能力得到增强;③ 在城市环境下,GNSS/UWB 耦合定位系统相对 GNSS 单系统在解算精度、抗干扰能力和整周模糊度固定率等方面均有显著改善。

3.4.4　结合 GNSS 和加速度计的动态位移重构与振动监测技术研究

图 3-13 所示为不同振动频率下的加速度积分所得位移与真值的比较情况,振动频率分别为 0.5 Hz、1 Hz、1.5 Hz、2 Hz 与 2.5 Hz,振幅为 10 mm。由图 3-13 可以看出,在 5 组模拟试验中,加速度积分所得位移整体上与真值一致,尤其是在振动频率较低时,前 3 组的积分结果较后 2 组更为准确。该结果表明,加速度计积分算法在不同振动频率下基本能保持较高的可靠性。

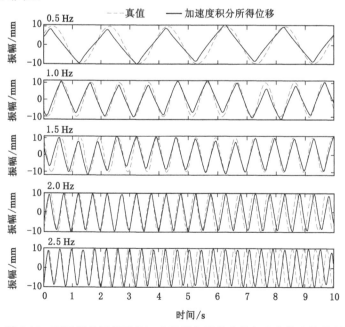

图 3-13　不同振动频率下的加速度积分所得位移与真值的比较情况

　　后续通过利用振动仿真模拟平台设计了一系列试验,通过控制终端设置不同的振动频率及振幅,振动台能够沿着平面 X、Y 轴方向运动来模拟变形,振动仿真模拟平台如图 3-14 所示。采用 GNSS RTK(实时动态测量)模式部署基站与监测站,由于随着基线长度增加,RTK 定位误差会增大,所以将基站设立在××学院楼顶,监测站布设于学校南门口,并将 GNSS 天线放置于振动台上。利用采样频率为 5 Hz 的 GNSS 接收机和采样频率为 100 Hz 的惯导加速度计模块收集平台的振动响应,振动台 X 轴指向正北方向,同时保持惯导加速度计模块与 GNSS 系统方向一致且时间同步,以便于两种传感器进行数据融合。

图 3-14　振动仿真模拟平台

　　在上述条件下进行了 13 组模拟试验,具体数据见表 3-6。对于振动频率较低的 GNSS 信号,利用 FFT(快速傅里叶变换)分析可以较为准确地识别,但随着频率的升高,GNSS 信号在频谱分析中逐渐暴露出弊端。由 X、Y 轴的加速度时间序列原始数据(图 3-15)可以明显看出,系统准确地探测出了瞬时增大的加速度及其发生的时刻,这与试验中人工记录的信息相符。

表 3-6　不同频率、振幅下模拟试验的结果

组别	振动频率/Hz	振幅/mm	GNSS 识别频率/Hz	频谱特性
1	0.2	50	0.234 4	唯一主要幅值
2	0.5	10	0.576 2	唯一主要幅值
3	0.5	30	0.561 5	唯一主要幅值
4	0.5	50	0.283 2、0.556 6	2 个主要幅值
5	1	10	0.830 1、1.099	Y 轴未能有效识别
6	1	30	1.118	Y 轴幅值较小
7	1	50	1.079	1 Hz 附近幅值较大
8	1.5	10	1.322	未能有效识别
9	1.5	30	1.387	1.5 Hz 附近幅值较大

表 3-6(续)

组别	振动频率/Hz	振幅/mm	GNSS 识别频率/Hz	频谱特性
10	1.5	50	1.421	1.5 Hz 附近幅值较大
11	2	10	1.68	幅值较小
12	2	30	1.709	幅值较小
13	2.5	10	2.442	幅值较小

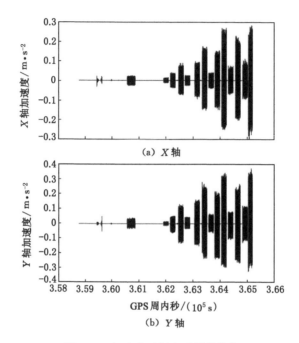

图 3-15   加速度时间序列原始数据

当模拟试验设置振动频率为 0.2 Hz、振幅为 50 mm 时,从 GNSS 频谱分析结果中得到的振动频率为 0.234 4 Hz,但受多路径噪声的影响,在 0 值附近仍然存在较大幅值[图 3-16(a)]。加速度计采样频率较高,受高频噪声影响,其频谱分析结果较为杂乱,出现多组主要幅值且呈现高频特性[图 3-16(b)]。

当模拟试验设置振动频率为 1.5 Hz、振幅为 50 mm 时,对 GNSS 时间序列进行 FFT 分析后得到的频谱如图 3-17(a)所示。由图 3-17(a)可以看出,在 1.5 Hz 附近幅值较大,但并未出现主要幅值,而将加速度数据频谱局部放大[图 3-17(b)]后,可以清晰地看到在 1.5 Hz 处存在主要幅值,这说明加速度计能够识别较高的振动频率,但需要对数据进行滤波处理。

总体而言,通过 13 组振动模拟试验发现:① GNSS 可以较为准确地识别 1 Hz 及以下的振动频率,在这些频率下存在主要幅值,而难以识别 1.5 Hz 及以上的频率;② 加速度计能够识别高频振动,甚至对于 2.5 Hz 的频率也能准确识别,但由于采样频率较高,受到的噪声影响较大,因此需要对数据进行滤波处理;③ 试验过程受环境影响,可能存在 GNSS 接收信号的问题,此时加速度计可以有效弥补数据缺失,有利于进一步的研究工作。

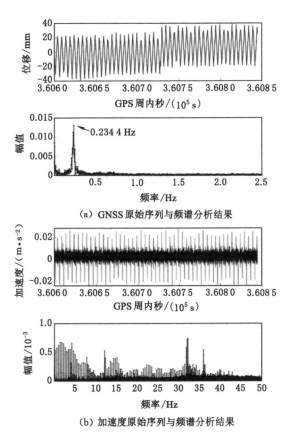

(a) GNSS 原始序列与频谱分析结果

(b) 加速度原始序列与频谱分析结果

图 3-16　GNSS、加速度原始序列与频谱分析结果

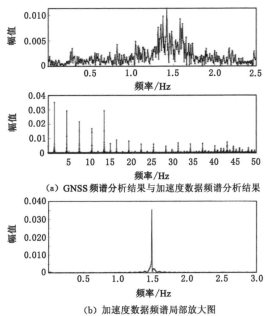

(a) GNSS 频谱分析结果与加速度数据频谱分析结果

(b) 加速度数据频谱局部放大图

图 3-17　振动频率为 1.5 Hz 的 GNSS、加速度数据频谱分析结果

4 矿山采动沉陷灾害演变机理和预警

本章主要研究厚松散层下开采活动引起的沉陷机理,重点分析厚松散层变形特性对沉陷过程的具体影响,以及地表移动和变形的差异表现。通过实测数据和理论分析,揭示厚松散层条件下沉陷机制的独特性,为分析复杂地质条件下的沉陷过程提供新的视角。在沉陷预测模型方面,通过对传统预测模型的局限性进行分析,将多元统计分析、机器学习以及地质力学理论相结合,研究了多种改进的预测模型,以准确描述厚松散层矿区地表的移动变形特征,提高模型适应不同地质条件和开采方式的能力。本章以淮南矿区厚松散层下开采的7个工作面为例,验证模型的性能。

4.1 研究目标

(1)沉陷机理分析:深入分析厚松散层条件下的开采沉陷机理,特别是厚松散层的变形特性及其对沉陷过程的影响,包括地表移动和变形的异常现象研究。

(2)预测模型的改进与开发:针对现有地表预计模型的局限性,改进概率积分法和基于力学理论的预计方法,开发新的预测模型。该模型应能够更好地描述厚松散层矿区地表的移动变形特性,提高预测的准确性和适用性。

(3)多元统计分析与机器学习在沉陷预测模型中的应用:结合多元回归模型和极限学习机(ELM)神经网络,构建一种新的用于解决复杂非线性问题的沉陷预测模型,并通过代表性矿区的案例研究进行验证和优化,以提升预测精度。

(4)基于动态预计改进模型和遥感技术的三维预测方法及其在矿区的应用:通过结合改进的动态预计模型和遥感技术,开发一种精确监测大变形梯度的新型三维预测方法,并进行实地验证和优化,以确保其在不同地质条件下的有效性和准确性。

(5)基于淮南矿区的实测数据,运用OCS算法(方向约束的布谷鸟搜索算法)解算每个工作面对应的概率积分模型参数与岩土体分层预测组合模型参数,通过构建概率积分模型预计参数计算出岩土体分层预测组合模型预计参数,并建立其与概率积分模型预计参数间的统计关系。

4.2 技术路线

本章将现代数据分析技术融入沉陷预测模型,结合多元回归模和ELM神经网络,研究解决复杂非线性沉陷预测问题的先进模型;通过具有代表性的矿区案例研究,对模型进行验证并优化,以实现预测精度的明显提升。在技术创新方面,融合遥感技术,开展基于先进动态预计模型与遥感技术的三维预测方法研究。在精确监测大变形梯度沉陷过程的同时,该方法还能够提供沉陷区域的三维变形信息,从而为矿区管理和规划提供了更加全面和准确的数据支持;通过在不同地质条件下的矿区进行实地验证和模型优化,验证该方法的高效性和可靠性。整体技术路线见图 4-1。

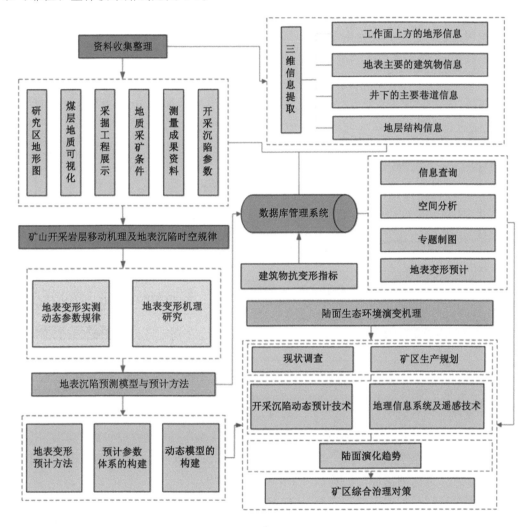

图 4-1　矿山采动沉陷灾害演变机理和预警技术路线

4.3　关键技术

4.3.1　厚松散层条件开采沉陷机理分析

采煤沉陷的过程是从井下到井上依次传递的。有研究表明,基岩移动的机制和传播过程相对明确,但当这一变形传递到厚松散层土体时,其变形规律和机理便会出现显著的差异。特别是在我国华东地区,地表移动变形的异常发展范围早已成为研究焦点。这种异常现象主要体现在以下几个方面:在充分采动条件下,地表最大下沉值可能会超过采深;上山移动角的边界角可能接近下山移动角的边界角;水平移动范围可能会大于下沉范围。

松散层主要由第四系和新近系地层构成,这些地层通常由土、砂、砾石和卵石层组成。当松散层厚度超过 50 m 时,通常被定义为厚松散层。与常规采矿条件相比,厚松散层的开采沉陷机理和时空规律存在较大的差异。一般认为,地表沉降是由基岩下沉和松散层下沉两部分累加而成的。基岩较为坚硬,其下沉符合一般的沉陷规律。如图 4-2 所示,当岩层中不存在松散层时,可以形成基岩的下沉盆地(蓝色曲线)。而当岩层中存在松散层时,松散层本身会随着基岩下沉而下沉,同时随着开采的进行,松散层中的水分逐渐流失。当岩层逐渐被压实时,这将导致地表最大下沉值大于采深,伴随着盆地范围的扩大,其常表现为边界收敛缓慢。

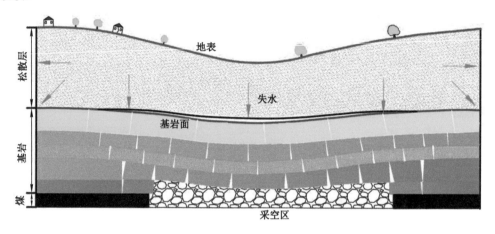

图 4-2　厚松散层矿区地表沉陷原理

这种差异的存在表明,在研究开采沉陷时,需要特别考虑松散层的特性和影响。厚松散层条件下的地表移动和变形规律,尤其是在水分流失和岩层压实过程中的动态变化,对于理解和预测开采沉陷具有重要意义。因此,开采沉陷的研究不仅需要关注基岩的移动机制,还必须深入探究松散层的变形特性及其对沉陷过程的影响。

针对厚松散层矿区地表的特殊现象,现有的地表预计模型存在一定的局限性,尤其是在处理这类地质条件下的开采沉陷问题时。常用的概率积分法预计模型虽然广泛应用于开采沉陷预测,但在实际应用中仍存在一些不足,尤其是在拟合边界处的准确度问题。如图 4-3 所示,该方法在边界处的拟合效果较差,预计边界往往小于实际边界。这主要是因为概率积分法中的函数本身是一种高度非线性函数,导致预计参数求解较为复杂和困难。

基于力学理论的预计方法在推导过程中需要做出许多假设,这些假设可能并不完全适用于实际矿区的地质条件,尤其是在厚松散层条件下。此外,模型参数的选取往往困难重重,这也限制了这类方法的广泛应用。因此,在面对厚松散层矿区地表移动和变形规律的研究时,迫切需要开展相关研究,以解决现有模型在应对特殊地质条件时的局限性。为此,提出以下研究内容。

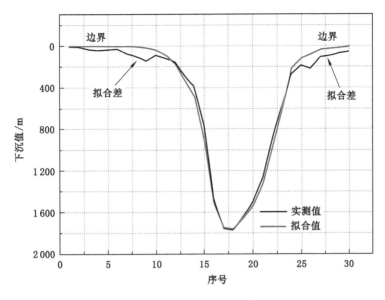

图 4-3 厚松散层开采条件下概率积分法的拟合效果

(1) 改进概率积分法:通过引入新的数学模型或调整现有模型的数学表达式,改善边界处的拟合效果,提高预计边界的准确度。同时,研究简化参数求解过程的方法,以降低模型应用的复杂度。

(2) 开发新的预计模型:结合机器学习、多元统计分析等先进的数据分析技术,开发能够准确描述厚松散层矿区地表移动变形特性的新型预计模型。利用这些技术的优势,可以更灵活地处理非线性问题,提高预测模型的准确性和适用性。

(3) 综合应用多种方法:结合理论分析、相似材料模拟试验、计算机数值模拟等多种方法,全面分析开采过程中的覆岩移动变化特征,深入研究厚松散层对地表移动和变形的影响机理。通过多角度、多维度的分析,寻找最适合厚松散层条件下的预计方法。

(4) 案例研究和验证:选择具有代表性的矿区进行案例研究,采集实测数据,对新开发的模型或改进的方法进行验证和优化。通过实地评估应用模型的实用性和准确性,为模型的进一步改进和应用提供依据。

4.3.2 融合多元回归模型和 ELM 神经网络的地表沉陷相关参数预计方法研究

统计模型以其直观性和简洁性,在数据规律总结中发挥了重要作用。然而,当面对复杂的非线性问题时,仅依赖统计模型可能难以达到预期的预测精度,尤其是在开采沉陷参数预测这样一个涉及多种地质采矿因素的领域,这种情况尤为明显。ELM 神经网络作为一种高效的动态递归神经网络,通过在隐含层的改进,能够提供更优的时空变化特性和泛化性能。尽管 ELM 神经网络在处理某些问题时表现出色,但在追求更高预测精度的工程应用中,有时仍然无法完全满足需求。

鉴于此,结合统计模型的经验性和 ELM 神经网络的非线性映射能力,本小节构建的一种融合多元回归模型和 ELM 神经网络的开采沉陷模型,成为解决该问题的创新方案。该模型旨在利用多元回归模型在预测初期提供直观、可靠的基线预测,同时通过 ELM 神经网络弥补多元模型回归模型在处理复杂非线性关系方面的不足。该模型的构建过程具体如下。

① 多元回归模型的建立:根据已有的监测数据和相关的地质采矿因素,利用多元回归方法建立基础的开采沉陷预测模型。这一步骤旨在捕捉变量间的直观线性关系,为后续的非线性模型提供一个稳定的预测基准。

② ELM 神经网络的集成:针对多元回归模型无法准确描述的复杂非线性关系,引入 ELM 神经网络。通过训练 ELM 网络,学习数据中的非线性关系,特别是在开采沉陷参数预测中难以直接建模的复杂地质条件和采矿因素间的关系。

③ 残差网络的构建:将多元回归模型的输出作为 ELM 神经网络的输入之一,构建残差网络。该网络旨在通过 ELM 神经网络学习和补偿多元回归模型预测值与实际监测值之间的残差,提高融合模型的预测精度。

④ 模型优化与验证:通过反复的训练和验证,优化 ELM 神经网络的参数,确保模型能够有效地学习数据中的非线性关系,并对开采沉陷进行精确预测。利用独立的测试数据集评估融合模型的性能,比较其与传统统计模型和单独 ELM 网络的预测效果,以验证融合模型在提高预测精度方面的优势。

(1) ELM

ELM 是一种高效的单隐含层前馈神经网络算法。它的核心优势在于克服了传统单隐含层前馈神经网络使用梯度下降算法训练时易陷入局部最小值的问题。ELM 算法首先随机初始化输入层与隐含层之间的连接权值,然后解析计算出隐含层到输出层的连接权值,这种方法极大地提高了训练速度,同时保持了较高的分类和泛化性能。与需要反复调整参数的传统神经网络相比,ELM 在参数设置方面的要求更低,易于实现和应用。

ELM 神经网络的拓扑结构与传统的 BP(反向传播)神经网络类似,包含输入层、隐含层和输出层三个基本组成部分,如图 4-4 所示。假定输入层有 n 个神经元,对应模型的 n 个输入特征;输出层有 m 个神经元,对应 m 个预测目标;隐含层由 l 个神经元组成,其数量是一个重要的超参数,影响着网络的复杂程度和学习能力。

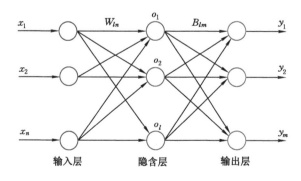

图 4-4 ELM 神经网络的拓扑结构

在 ELM 模型的构建过程中,输入层到隐含层的连接权值 W 是随机初始化的,并在训练过程中保持不变。这种处理方式虽然简化了学习过程,但能保证网络的泛化能力。隐含层的输出通过激活函数进行非线性变换,常用的激活函数包括 S 型函数、tanh 函数或 ReLU 函数等。隐含层到输出层的连接权值 $\boldsymbol{B}$ 是通过解析方法快速计算得到的,这一过程不需要反复迭代,从而大幅度减少了训练时间。

定义输入层与隐含层间的连接权值 $\boldsymbol{W}$ 为:

$$\boldsymbol{W} = \begin{bmatrix} W_{11} & W_{12} & \cdots & W_{1n} \\ W_{21} & W_{22} & \cdots & W_{2n} \\ \vdots & \vdots & \ddots & \vdots \\ W_{l1} & W_{l2} & \cdots & W_{ln} \end{bmatrix}_{l \times n} \tag{4-1}$$

式中,W_{ln} 表示输入层第 n 个神经元与隐含层第 l 个神经元之间的连接权值。

设隐含层与输出层间的连接权值 $\boldsymbol{B}$ 为:

$$\boldsymbol{B} = \begin{bmatrix} B_{11} & B_{12} & \cdots & B_{1m} \\ B_{21} & B_{22} & \cdots & B_{2m} \\ \vdots & \vdots & \ddots & \vdots \\ B_{l1} & B_{l2} & \cdots & B_{lm} \end{bmatrix}_{l \times n} \tag{4-2}$$

式中,B_{lm} 表示隐含层第 l 个神经元与输出层第 m 个神经元之间的连接权值。

设隐含层神经元的阈值 $\boldsymbol{b}$ 为:

$$\boldsymbol{b} = \begin{bmatrix} b_1 & b_2 & \cdots & b_l \end{bmatrix}^{\mathrm{T}}_{l \times 1} \tag{4-3}$$

设训练输入样本为 X,输出样本为 Y,则有:

$$\boldsymbol{X} = \begin{bmatrix} x_{11} & x_{12} & \cdots & x_{1Q} \\ x_{21} & x_{22} & \cdots & x_{2Q} \\ \vdots & \vdots & \ddots & \vdots \\ x_{n1} & x_{n2} & \cdots & x_{nQ} \end{bmatrix}_{n \times Q}, \quad \boldsymbol{Y} = \begin{bmatrix} y_{11} & y_{12} & \cdots & y_{1Q} \\ y_{21} & y_{22} & \cdots & y_{2Q} \\ \vdots & \vdots & \ddots & \vdots \\ y_{n1} & y_{n2} & \cdots & y_{mQ} \end{bmatrix}_{m \times Q} \tag{4-4}$$

式中,Q 为样本的个数。

设隐含层神经元的激活函数为 $g(x)$,则网络输出 $\boldsymbol{T}$ 为:

$$\boldsymbol{T} = \begin{bmatrix} t_{1j} \\ t_{2j} \\ \vdots \\ t_{mj} \end{bmatrix}_{m \times l} = \begin{bmatrix} \sum_{i=1}^{l} B_{i1} g(W_{i1} x_{1j} + b_i) \\ \sum_{i=1}^{l} B_{i2} g(W_{i2} x_{2j} + b_i) \\ \vdots \\ \sum_{i=1}^{l} B_{im} g(W_{il} x_{mj} + b_i) \end{bmatrix} \quad (j = 1, 2, \cdots, Q) \tag{4-5}$$

式(4-5)可简化为:

$$\boldsymbol{H} = \begin{bmatrix} g(W_{11} x_1 + b_1) & g(W_{21} x_1 + b_2) & \cdots & g(W_{l1} x_1 + b_l) \\ g(W_{12} x_2 + b_1) & g(W_{22} x_2 + b_2) & \cdots & g(W_{l2} x_1 + b_l) \\ \vdots & \vdots & \ddots & \vdots \\ g(W_{1Q} x_Q + b_1) & g(W_{2Q} x_Q + b_2) & \cdots & g(W_{lQ} x_Q + b_l) \end{bmatrix}_{Q \times l}, \boldsymbol{HB} = \boldsymbol{T}' \tag{4-6}$$

当连接权值和阈值确定后,输出矩阵便可以唯一确定,而隐含层与输出层间的连接权值 $\boldsymbol{B}$ 可以通过求解以下方程组的最小二乘解获得:

$$\min_B \| \boldsymbol{HB} - \boldsymbol{T}' \| , \quad \hat{\boldsymbol{B}} = \boldsymbol{H}^+ \boldsymbol{T}' \tag{4-7}$$

式中,$\boldsymbol{H}^+$ 为隐含层输出矩阵 $\boldsymbol{H}$ 的 Moore-Penrose(摩尔-彭罗斯)广义逆矩阵。综合上述分析可知,在训练前 ELM 神经网络会随机产生权值和阈值,因此只需确定隐含层神经元的个数以及激活函数的类型,便可计算输出 $\boldsymbol{B}$。

(2) GA 优化 ELM 神经网络

为了提高 ELM 神经网络的性能,尤其是在处理随机初始化权值和阈值可能导致的隐含层失效问题时,GA(遗传算法)被提出用于优化 ELM 神经网络的权值和阈值。这种方法旨在通过自然选择和遗传学原理来寻找更优的网络参数,以避免单纯增加隐含层数量可能导致的过拟合问题。以下是具体的 GA 优化 ELM 神经网络的建模过程。

① 确定 GA 算法的相关参数:个体数目(NIND)设置为 50,以确保种群的多样性和搜索空间的广度。最大遗传代数(MAXGEN)设置为 100,代表算法的迭代次数,确保算法具有足够的优化深度。代沟(Gap)设置为 0.95,这意味着每一代中有 95% 的个体将会被新生成的个体替换,以促进种群的进化。交叉概率设置为 0.7,高交叉概率可以增加算法的探索能力,有助于发现潜在的优秀解。变异概率设置为 0.01,保持低变异概率以维护种群的稳定性,同时引入新的遗传多样性。

② 编码和种群生成:通过随机生成 ELM 神经网络的权值和阈值,并将这些参数进行二进制编码,生成初始种群。这一步骤可为 GA 优化过程提供一个多样化的起点。

③ 适应度函数的计算:对于种群中的每个个体,通过其编码代表的 ELM 神经网络参数,计算其在测试集上的均方根误差(RMSE)。RMSE 的大小作为该个体的适应度,用于评估个体的性能。

④ 种群进化:根据个体的适应度,采用轮盘赌法选择个体参与下一代的繁殖。通过基于概率的交叉和变异操作对选中的个体进行遗传操作,产生新的种群。这一过程不断重复,直到达到最大遗传代数或其他停止条件,从而得到最终优化后的种群。

⑤ ELM 神经网络的训练和预测:对最终种群中的每个个体进行解码,获取优化后的输入权值和阈值,然后将这些参数赋值给 ELM 神经网络。使用训练样本集对 ELM 神经网络进行训练,采用最小二乘法计算输出层的权值。最后,将测试样本输入优化后的 ELM 模型进行预测。

(3) CM-GA-ELM 组合预测模型的构建

由于传统的 GA 算法初始种群是随机生成的,初始种群的覆盖空间具有很大的不确定性,如果初始种群不包含全局最优解的信息,而遗传算法又不能在有限的迭代次数内覆盖到全局最优解,那么必然会导致算法过早收敛,影响权值和阈值的选取,进而会影响 ELM 神经网络的预测精度。虽然许多学者提出了针对遗传算法的改进算法,但这些算法的实施存在困难,且结果受各种参数选取的影响。此外,这些改进算法并不能解决每次优化结果存在差异的问题。因此本小节提出一种线性加权组合预测方法(CM),该方法较为简单,且解决了上述问题。其具体解决方法如下。

① 异常预测值的剔除

假设运行了 n 次 GA-ELM 预测模型,共建立了 n 组 GA-ELM 预计模型,每次运行都可能出现不同的解。设第 i 次的预测值为 x_i,n 次预测值的平均值为 $\bar{x}$,为提高预测结果的可靠性,需要剔除结果中的异常值。首先,采用如下公式计算多次预测结果的中误差 m,然后,将大于 3 倍中误差的结果予以剔除。

$$\bar{x} = \frac{x_1 + x_2 + \cdots + x_i + \cdots + x_n}{n} \tag{4-8}$$

$$m = \sqrt{\frac{1}{n-1}\sum_i (x_i - \bar{x})^2} \tag{4-9}$$

② 预测值的组合

假设剔除了 m 个预测值,将剩余的 $n-m$ 组数据分别对训练集进行拟合预测,并计算得到 $n-m$ 个拟合中误差 $\boldsymbol{R}=[R_1, R_2, \cdots, R_j, \cdots, R_{n-m}]$。采用 $\boldsymbol{Y}$ 代表剔除误差后的数据序列,即 $\boldsymbol{Y}=[y_1, y_2, \cdots, y_j, \cdots, y_{n-m}]$,向量

$$\boldsymbol{\omega} = \begin{bmatrix} \omega_1 \\ \omega_2 \\ \vdots \\ \omega_j \\ \vdots \\ \omega_{n-m} \end{bmatrix}$$

表示 $n-m$ 个预测值在组合模型中的权值,那么由组合模型得到的预测结果为:

$$x' = \sum_{j=1}^{n-m} \omega_j y_j \quad (j = 1, 2, \cdots, n-m) \tag{4-10}$$

本小节所建立的组合模型的思想为:由单一预计模型的误差值,计算出所有预计模型的误差和,然后按照误差的大小反向分配权值。其计算公式为:

$$\omega_j = R_j^{-1} \sum_{j'=1}^{n-m} R_{j'}^{-1} \quad (j = 1, 2, \cdots, n-m) \tag{4-11}$$

综合上述 ELM 算法、GA-ELM 算法,以及 CM 算法,以预测地表移动盆地下沉系数为例,提出了 CM-GA-ELM 组合预测模型。

(4) 线性回归和 M-CM-GA-ELM 模型的构建

本书构建的 M-CM-GA-ELM 模型的计算流程如图 4-5 所示,具体步骤如下:

① 采用多元线性回归方法构建地表移动盆地相关参数与地质采矿条件(如采深、采高、煤层倾角、采动程度、推进速度、岩层岩性、松散层厚度等)之间的多元线性回归模型,并计算模型的趋势项和残差项;

② 构建以地质采矿条件为输入层,以残差项为输出层的 GA-ELM 神经网络预计模型;

③ 对 GA-ELM 神经网络预计模型得到的预测结果进行误差剔除,并进行加权组合,以构建 CM-GA-ELM 预计模型;

④ 同时采用多元线性回归模型和 CM-GA-ELM 预计模型进行预测,然后将两者的预测结果相加,即可得到最终的预测值。

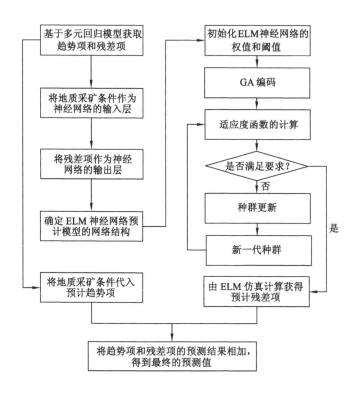

图 4-5 M-CM-GA-ELM 模型的计算流程

由上述可知,融合模型的核心在于利用 ELM 神经网络的预测方法对多元线性回归模型的残差进行补偿。通过这种误差补偿,M-CM-GA-ELM 模型同时具备了多元线性回归模型的经验性和神经网络强大的非线性映射能力。

4.3.3 基于动态预计改进模型约束的大梯度开采沉陷 D-InSAR(差分合成孔径雷达干涉测量)三维预测方法

（1）开采沉陷动态预计改进模型及验证

概率积分法是我国较为成熟、应用较为广泛的开采沉陷预计方法,也是《建筑物、水体、铁路及主要井巷煤柱留设与压煤开采规范》指定的开采沉陷预计方法。然而,概率积分法模型本身存在固有的缺陷,在实际应用中,特别是在巨厚松散层条件下应用概率积分法时,易出现沉降变形预计曲线边缘收敛过快的现象,此时沉降盆地边缘处的概率积分法预计结果小于实测值。因此,利用概率积分法进行开采沉陷动态预计时同样会遇到类似问题。针对上述问题,有学者通过假设开采沉陷盆地由两个具有不同主要影响半径的下沉盆地按照一定的权值组合而成,对概率积分法静态模型进行了修正,并通过工程实例进行了验证。本小节在上述基础上拟建立概率积分法动态预计边缘修正模型,以期改善概率积分法动态预计模型边缘收敛过快的缺陷。

在传统的概率积分模型中,开采沉陷盆地通常被认为是在单一主要影响半径的条件下形成的。而在本书改进的概率积分法动态预计模型中,开采沉陷盆地被视为由两个具有不同主要影响半径的下沉盆地按照一定的权值组合而成,则开采后任意时刻地表点 $A(x,y)$

的下沉值和水平移动值可以分别表示为:

$$W_{T_i}(x,y,\boldsymbol{P}_{T_i}) = (1-\rho) * W_{r_1}(x,y,\boldsymbol{P}_{T_i}) + \rho * W_{r_2}(x,y,\boldsymbol{P}_{T_i}) \tag{4-12}$$

$$U_{\mathrm{SN}T_i} = (1-\rho) * U_{\mathrm{SN}r_1} + \rho * U_{\mathrm{SN}r_2} \tag{4-13}$$

$$U_{\mathrm{EW}T_i} = (1-\rho) * U_{\mathrm{EW}r_1} + \rho * U_{\mathrm{EW}r_2} \tag{4-14}$$

式中,ρ 为权重参数,用于表示两个沉降盆地对总沉降值的贡献比例;$W_{r_1}(x,y,\boldsymbol{P}_{T_i})$ 和 $W_{r_2}(x,y,\boldsymbol{P}_{T_i})$ 分别表示第一个沉降盆地和第二个沉降盆地的下沉值;$U_{\mathrm{SN}T_i}$、$U_{\mathrm{EW}T_i}$ 分别表示任意时刻 T_i 南北方向和东西方向的水平移动值;$U_{\mathrm{SN}r_1}$、$U_{\mathrm{SN}r_2}$ 分别表示两个沉降盆地在南北方向的水平移动值;$U_{\mathrm{EW}r_1}$、$U_{\mathrm{EW}r_2}$ 分别表示两个沉降盆地在东西方向的水平移动值。

式(4-12)中,$\boldsymbol{P}_{T_i}$ 为 T_i 时刻工作面的开采沉陷修正模型预计参数,即

$$\boldsymbol{P}_{T_i} = \begin{bmatrix} q_{T_i} & \tan\beta_1 & \tan\beta_2 & b & \theta & S_1 & S_2 & S_3 & S_4 & c & \Delta q & \rho \end{bmatrix}$$

其中,q_{T_i} 为 T_i 时刻的下沉系数;$\tan\beta_1$ 为第一个沉降盆地主要影响角的正切值;$\tan\beta_2$ 为第二个沉降盆地主要影响角的正切值;b 为水平移动系数;θ 为最大下沉角;S_1、S_2、S_3、S_4 为工作面左、右、上、下四个方向的拐点偏移距;c 为 Knothe 时间函数,Δq 为下沉系数修正值;ρ^2 为下沉系数修正比例;(x,y) 为点的平面坐标。

根据开采沉陷学原理,假设当地下煤炭开采为充分采动时 $q_{T_i} = q_{T_{i-1}}$,当非充分采动时 $q_{T_i} \neq q_{T_{i-1}}$,此时认为 $q_{T_i} = q_{T_{i-1}} + \Delta q$,其余概率积分参数保持不变。

利用 1613 工作面进行模型验证分析,选取该工作面走向观测线 2017 年 11 月 14 日—2017 月 12 月 22 日 36 个地表观测点的下沉数据,根据 1613 工作面的地质采矿条件,应用未修正的概率积分法动态模型(DPIM),并利用遗传算法得到工作面 2017 月 11 月 14 日—2017 月 12 月 22 日的概率积分法动态预计参数 $\boldsymbol{P} = [0.722\,05, 2.496\,9, 0.006\,187\,5, 85.89, 11.719, 28.125, -42.188, -47.656, 0.044\,849]$,进一步优化得到改进的开采沉陷动态预计模型参数 $\mathrm{PI} = [0.751\,57, 1.676\,6, 3.375, 85.109, 11.719, 28.125, -42.188, -47.65, 0.044\,849, 0.005\,015\,6, 0.445\,31]$。1613 工作面的下沉实测值与概率积分法动态模型(DPIM)、开采沉陷动态预计改进模型(IDPIM)预测值的对比情况如图 4-6 所示。

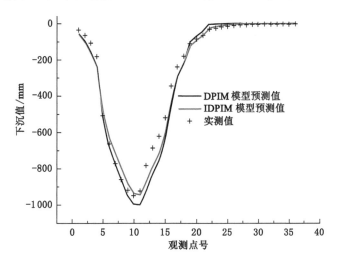

图 4-6 实测值与 DPIM 模型、IDPIM 模型预测值的对比情况

由图 4-6 可以看出,开采沉陷动态预计改进模型有效地弥补了概率积分法动态模型沉降变形预计曲线边缘收敛过快的不足。IDPIM 模型的下沉值与实测值之间的均方根误差为 39 mm,DPIM 模型的下沉值与实测值之间的均方根误差为 52.95 mm,与 DPIM 模型相比,IDPIM 模型整体拟合精度提高了 26.3%。对于开采沉陷盆地边缘区域,IDPIM 模型和 DPIM 模型的下沉值与实测值之间的均方根误差分别为 5.92 mm 和 12.88 mm,IDPIM 模型相对 DPIM 模型在边缘区域的拟合精度提高了 54.0%,这表明 IDPIM 模型能更好地模拟由采煤引起的地表沉降变形。

(2) 基于 IDPIM 模型的开采沉陷 D-InSAR 条件方程及求解

根据 LOS 向变形与开采地表三维变形之间的函数关系,T_i 时刻像元 $A(x,y)$ 的 LOS 向变形量为:

$$\text{LOS}_{T_i}' = -U_{\text{SN}T_i} \sin \theta_j \cos\left(\alpha_j - \frac{3\pi}{2}\right) - U_{\text{EW}T_i} \sin \theta_j \sin\left(\alpha_j - \frac{3\pi}{2}\right) + W_{T_i} \cos \theta_j$$

(4-15)

开采后代表地表点 $A(x,y)$ 的像元 j 在任意 $T_{i-1} \sim T_i$ 时间段内的差分干涉 LOS 向变形量为:

$$\text{LOST}_{T_{i-1},T_i}^j = \text{LOS}_{T_i}^j - \text{LOS}_{T_{i-1}}^j$$

(4-16)

根据地表实测 LOS 向变形量与 IDPIM 模型中的待估参数 P_{T_i} 之间的关系,对于任意第 j 个像元在 $T_{i-1} \sim T_i$ 时间段内的差分干涉 LOS 向变形量,可以建立的误差方程为:

$$v_j = {}^r\text{LOS}_{T_{i-1},T_i}^j - \text{LOS}_{T_{i-1},T_i}^j$$

(4-17)

$$\text{LOS}_{T_{i-1},T_i}^j = f(W_{T_{i-1}}; W_{T_i}; P_{T_i}; P_{T_{i-1}})$$

(4-18)

式中,${}^r\text{LOS}_{T_{i-1},T_i}$ 表示观测值,即目标像元 j 在任意 $T_{i-1} \sim T_i$ 时间段内实测的 LOS 向变形量;$\text{LOS}_{T_{i-1},T_i}^j$ 表示预计值;$P_{T_i}, P_{T_{i-1}}$ 为待估参数,上述方程中的待估参数为:$[q_{T_i}, \tan \beta_1, \tan \beta_2, b, \theta, S_1, S_2, S_3, S_4, c, \Delta q, \rho]$;$W_{T_{i-1}}$ 为 T_{i-1} 时刻的地表点下沉值;W_{T_i} 为 T_i 时刻的地表点下沉值。

对于任意 $m \times n$ 个像元,可组成 $m \times n$ 个误差方程,当 $m \times n \geqslant 12$ 时,可以利用测量平差中的条件方程进行求解。由于误差方程高度非线性,所以在构建条件方程之前必须对其进行线性化。然而,对高度非线性的误差方程进行线性化是非常困难的。为了求解待估参数,本小节将介绍基于遗传算法的 IDPIM 模型预计参数求解方法。其具体步骤如下。

① 适应度函数的建立。根据相邻工作面的地质采矿条件选取动态概率积分参数初值,利用 IDPIM 模型计算目标区域任意像元 j 在 $T_{i-1} \sim T_i$ 时间段内的 LOS 向变形量 $\text{LOS}_{T_{i-1},T_i}^j$,令目标像元 j 在任意 $T_{i-1} \sim T_i$ 时间段内的 LOS 向变形量为 ${}^r\text{LOS}_{T_{i-1},T_i}^j$,则该时间段内的 LOS 向预计残差(误差方程)为:

$$v_j = \Delta^r\text{LOS}_{T_{i-1},T_i}^j - \Delta\text{LOS}_{T_{i-1},T_i}^j$$

(4-19)

如果矿区开采沉陷 LOS 向变形场中有 $m \times n$ 个像元参与 IDPIM 模型预计参数的求解,则根据式(4-19),可构造遗传算法的适应度函数 F:

$$F = C - \sum_{j=1}^{j=m \times n} v_j^2$$

(4-20)

式中,C 为使适应度函数公式始终大于零的一个常数。

② 种群编码和种群生成。根据矿区经验参数给出参数(待估参数 P_{T_i})的范围,将各个待估参数转换成对应的二进制编码,以此生成初始种群。

③ 将种群的二进制编码解码为各参数,利用各个解码后的参数和式(4-20),计算适应度函数值。

④ 计算每个个体的适应度,并将其除以种群的总体适应度,得到每个个体被选择的概率。

⑤ 进行轮盘赌采选、基因交叉和变异操作,生成新一代的种群。

⑥ 迭代计算。

重复步骤②～⑥,直至达到满足适应度要求,即参数达到足够高的精度。遗传算法一般是达到种群迭代次数后停止循环。试验中,遗传算法的迭代终止次数设为100,初始种群个体数量为100,种群之间的交叉概率为0.95,基因变异的概率为0.05。

⑦ 对二进制编码进行解码,获取预计参数。相应的流程图如图4-7所示。

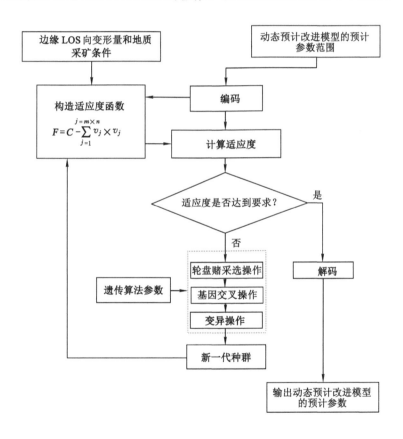

图 4-7　基于遗传算法的 IDPIM 模型预计参数求解方法

(3) IDPIM-InSAR 方法流程

当前 D-InSAR 技术可以较好地用于地表移动盆地边缘变形、充填开采地表沉陷、老采空区地表残余变形等变形较为缓慢和梯度较小的开采沉陷监测。然而,开采沉陷引起的地表变形剧烈且地表变形梯度较大,当变形梯度超过 D-InSAR 技术监测梯度的临界值——最大变形梯度(MMDG)时,常规的 InSAR 相位解缠算法很难对地表真实的变形相位进行恢复。某干涉缠绕相位图如图 4-8 所示,由图 4-8 可以看出,大部分区域条纹紊乱且条纹密集度高。因此在整个 LOS 变形场,开采沉陷地表变形梯度大将导致相位解缠困难甚至解缠失败,常规 D-InSAR 监测方法将失效。然而,由图 4-8 还可以看出,开采沉陷 LOS 变形场边缘的条纹清晰且条纹密集度低,这表明利用常规 D-InSAR 监测方法监测边缘区域是可行的。

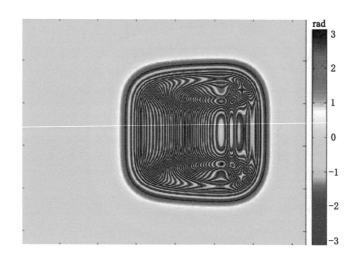

图 4-8　某干涉缠绕相位图

针对当前基于 InSAR 的大变形梯度及三维开采沉陷监测中存在的问题,本小节拟提出基于动态预计改进模型约束的全尺度梯度开采沉陷 D-InSAR 三维预测方法。该方法的思想为:首先,对动态概率积分模型进行改进,得到无边缘收敛缺陷的概率积分法动态模型;然后,基于改进动态概率积分模型构建单对差分 InSAR 观测条件方程及求参模型(这一步骤避免了累计 LOS 向变形的要求);最后,基于地表移动盆地边缘 D-InSAR LOS 向变形观测值(利用图 4-8 边缘区域的 LOS 向变形场,解决了大变形梯度监测的问题),并结合遗传算法对基于动态预计改进模型约束的全尺度梯度开采沉陷 D-InSAR 三维预测模型的参数进行估计,实现对全盆地多尺度开采沉陷的预测。

基于上述思想,构建了一种融合 IDPIM 模型和单对 D-InSAR 技术的全尺度梯度开采沉陷三维监测方法。其具体步骤如下:

① 利用改进动态概率积分模型,得到无边缘收敛缺陷的 IDPIM 模型。

② 利用二轨差分 D-InSAR 技术对矿区 SAR(合成孔径雷达)数据进行处理,并提取地表变形区域边缘的 LOS 向变形量。

③ 结合 IDPIM 模型和由 D-InSAR 技术获取的 LOS 向变形量与下沉、南北和东西方向水平移动之间的几何投影关系,构建地表实测 LOS 向变形量与 IDPIM 模型中待估参数之

间的误差方程。

④ 利用基于遗传算法的 IDPIM 模型预计参数求解方法求解步骤③中建立的误差方程,得到 IDPIM 模型预计参数。

⑤ 基于步骤④得到的 IDPIM 模型预计参数,利用 IDPIM 模型对开采沉陷盆地进行全尺度梯度三维变形监测。

基于上述步骤,给出了如图 4-9 所示的融合 IDPIM 模型和单对 D-InSAR 技术的全尺度梯度开采沉陷三维监测方法的技术路线。

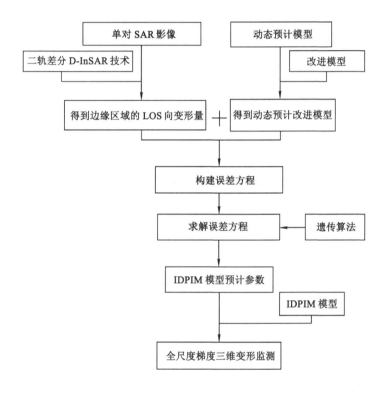

图 4-9　融合 IDPIM 模型和单对 D-InSAR 技术的全尺度梯度开采沉陷三维监测方法的技术路线

4.3.4　厚松散层下淮南开采沉陷区域预测参数模型构建

（1）布谷鸟的繁殖行为

布谷鸟不仅可以发出优美动听的声音,而且它们还展现出了侵略性的寄生育雏繁殖行为。某些种类的布谷鸟,如美洲黑布谷鸟和圭拉布谷鸟等,从不自行筑巢,而是在公共巢穴中产蛋,这种行为可能导致它们移走其他鸟类的蛋,从而提高自己鸟蛋的孵化率。此外,还有许多其他种类的布谷鸟通过把它们的鸟蛋放置到其他宿主鸟的鸟巢里来达到专性寄生性。

寄生性有三个基本特征:种内寄生、共同繁殖和接管鸟巢。如果宿主鸟发现鸟巢中有外来的陌生鸟蛋,宿主鸟可能会把这个鸟蛋推至巢外,或者直接丢弃这个鸟巢,在其他地方重建一个全新的鸟巢。在长期的进化过程中,布谷鸟会在宿主鸟离巢时迅速产下自己的蛋,并尽量使其与宿主的蛋相似,这就降低了布谷鸟的鸟蛋被丢弃的可能性,从而可提高它们的繁殖率。

（2）莱维飞行机制

有研究表明,许多昆虫和动物飞行的觅食路线都是随机行走过程,是典型的莱维飞行。布谷鸟寻窝的路线同样也是一种典型的莱维飞行。莱维飞行的特征:以小步的移动为主,偶尔会有大步的移动。短距离的移动有助于在局部最优区域加速搜索,从而能够更好地找到局部最优点。而长距离的移动会使一些新解产生在距离局部最优点较远的地方,这样会扩大搜索的范围,确保算法不会陷入局部最优。

莱维稳定分布通过特征指数 α、偏度参数 β、尺度参数 σ 以及位移参数 μ 来表示。通常采用其特征函数 $\varphi(t)$ 的连续傅里叶变换表示:

$$
\begin{aligned}
\varphi_{\alpha,\beta}(k;\mu,\sigma) &= F(p_{\alpha,\beta}(x;\mu,\sigma)) \\
&= \int_{-\infty}^{+\infty} e^{ikx} p_{\alpha,\beta}(x;\mu,\sigma) dx \\
&= \exp\left(i\mu k - \sigma^{\alpha} \mid k \mid^{\alpha} \left[1 - i\beta\left(\frac{k}{\mid k \mid}\right)\omega(k,\alpha)\right]\right)
\end{aligned}
\tag{4-21}
$$

式中,k 为特征函数中的变量;$\omega(k,\alpha)$ 为修正项。

其中,

$$
\omega(k,\alpha) = \begin{cases} \tan\dfrac{\pi\alpha}{2}, & \alpha \neq 1, 0 < \alpha < 2 \\[2mm] -\dfrac{2}{\pi}\ln \mid k \mid, & \alpha = 1 \end{cases}
\tag{4-22}
$$

莱维稳定分布的概率密度函数 $p_{\alpha,\beta}(x)$ 随参数 α 和 β 的变化而变化,并没有固定格式,在以下几种特殊的情况中,用基本函数表示 $P_{\alpha,\beta}(x)$,高斯分布参数 $\alpha=2$,即

$$
P_2(x) = \frac{1}{\sqrt{4\pi}}\exp\left(-\frac{x^2}{4}\right)
\tag{4-23}
$$

式中,x 为随机变量。

因为 $\tan \pi = 0$,所以高斯分布与参数 β 不相关。在这种情况下,广义中心极限定理与传统的中心极限定理吻合。

① 柯西分布:$\alpha=1,\beta=0$,即

$$
P_{1,0}(x) = \frac{1}{\pi(1+x^2)}
\tag{4-24}
$$

② 莱维分布:$\alpha=1/2,\beta=1$,即

$$
P_{\frac{1}{2}}(x) = \begin{cases} \dfrac{1}{\sqrt{2\pi}} x^2 \exp\left(-\dfrac{1}{2x}\right) & ,x \geqslant 0 \\[3mm] 0 & ,x < 0 \end{cases}
\tag{4-25}
$$

莱维飞行是一种由高频率的短距离移动和低频率的长距离移动组成的随机游走过程,这种过程本质上是从莱维分布中得到的,在二维平面上,1 000 次莱维飞行的运动轨

迹如图 4-10 所示。由图 4-10 可以看出,莱维飞行具有二阶矩阵发散特性,其运动过程通常在短距离飞行聚集后突然转变为长距离飞行。在自然界中,有许多动物的运动轨迹和鸟类的飞行路径都符合莱维飞行机制,布谷鸟便是其中的一种。当布谷鸟在进行鸟巢搜索时,其飞行路径是一种不固定方向的运动,每段飞行都和前一段飞行相差一个很小的角度。布谷鸟主要以小步长为主,偶尔有比较大的步长。莱维飞行产生的运动轨迹看似杂乱无章,但实际并非如此,其中的各段距离和各个偏离角度均遵循一定的统计分布规律。在仿生群智能优化算法中,采用莱维飞行机制,能够显著提升算法的全局搜索能力,帮助算法更容易地跳出局部最优点。在求解最优化问题和进行最优化搜索时,这种方法展现出了良好的性能。

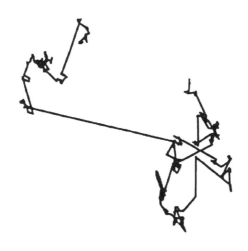

图 4-10　1 000 次莱维飞行的运动轨迹

（3）布谷鸟搜索算法的数学原理

综上所述,布谷鸟的后代仅以一定的概率存活,其选择的宿主鸟巢的状况决定了该概率的大小。若选择的宿主雏鸟与其后代在孵化期和幼鸟期食性相似,蛋形与颜色相近,则布谷鸟后代存活的概率较大;反之,则较小。

布谷鸟搜索算法是通过模拟布谷鸟寻找宿主鸟巢孵育幼鸟的动物行为而提出的一种随机搜索算法,反映了自然界中"适者生存、物竞天择"的规律。该算法的仿生原理为:将布谷鸟所选择的宿主鸟巢映射为搜索域中的解,将布谷鸟搜索和选择鸟巢的过程模拟成算法迭代与寻优的过程,用宿主鸟巢位置的优劣来代表孵化环境的优劣,从而表示优化问题的适应度大小。在算法中,将布谷鸟选择更优宿主鸟巢的过程类比为迭代过程中用好的解取代差的解的精英保留策略。

杨新社等基于上述的布谷鸟繁殖行为和莱维飞行机制,提出布谷鸟搜索算法,假定布谷鸟搜索算法遵循以下三条理想规则:① 宿主鸟巢的数量 N 是不变的,每只布谷鸟一次只产一个蛋,并随机选择一个鸟巢孵化蛋。② 孵化布谷鸟蛋最好的鸟巢将被保留到下一代;③ 布谷鸟可选择的鸟巢数量是固定的,宿主鸟发现外来鸟蛋的概率 $Pa \in (0,1)$。宿主鸟巢的位置越好,布谷鸟蛋存活的概率越大。

基于规则③,宿主鸟可能将布谷鸟的蛋推至巢外,也可能抛弃这个鸟巢去其他地方建立一个全新的鸟巢。为了简单起见,假定最终由新鸟巢代替旧鸟巢的比例 P_0 来近似选取。

在布谷鸟搜索算法中,一个鸟巢代表一个候选解,N 个鸟巢的位置随机初始化在目标函数定义的可行解空间内。基于上述三个理想规则,在莱维飞行机制中,布谷鸟寻巢的路径和位置更新公式如下:

$$X_{t+1} = X_t + \alpha \otimes L(\beta) \tag{4-26}$$

式(4-26)实际上是随机游走方程,X_i^t 是第 t 代的第 i 个解;α 表示步长控制因子,是一个大于零的常数,用于控制布谷鸟随机搜索的范围;$\otimes$ 表示点对点乘法;$L(\beta)$ 表示布谷鸟的随机搜索路径。为了从当前这一代的最优解中获得更多有用的步长信息,通常采用公式 $\alpha = \alpha_0(X_i^t - X_{best})$ 计算步长信息,其中,α_0 是一个常数,一般取值为 $\alpha_0 = 0.01$;X_{best} 表示当前第 t 代的最优解。布谷鸟进行莱维飞行的随机搜索路径与飞行时间 t 的关系服从莱维分布:

$$\text{Levy}(\beta) \sim u = t^{-\lambda} \quad (1 < \lambda \leqslant 3) \tag{4-27}$$

式中,λ 为幂次系数。在布谷鸟搜索算法的实现中,$L(\beta)$ 按照 Mantegna(曼特尼亚)法则计算,如下式所示:

$$\text{Levy}(\beta) \sim \frac{\theta \times u}{\mid v \mid^{1/\beta}} \tag{4-28}$$

式中,μ 和 v 为服从正态分布的随机数;$\beta = 1.5$;θ 由式(4-29)计算得出:

$$\theta = \left[\frac{\Gamma(1+\beta) \times \sin\left(\frac{\pi\beta}{2}\right)}{\Gamma\left(\frac{1+\beta}{2}\right) \times \beta \times 2^{\frac{\beta-1}{2}}} \right]^{1/\beta} \tag{4-29}$$

此外,在布谷鸟搜索算法的迭代过程中,按式(4-26)更新鸟巢位置后,可用均分分布的随机数 rand$\in[0,1]$ 与发现概率 Pa 进行比较,若 rand$>$Pa,即布谷鸟蛋被宿主鸟发现并丢弃,则随机改变 X_i^{t+1},反之不变。最后将适应度较高的鸟巢保留到下一代,仍然记为 X_i^{t+1}。

通过上述介绍和分析,可以得到如下结论:在布谷鸟搜索算法中,布谷鸟每次按莱维飞行机制随机搜索新鸟巢的路径方向和改变步长大小,很容易在不同区域间进行随机跳跃。这种特性使得布谷鸟搜索算法在运行前期有很强的全局搜索能力。正因为布谷鸟搜索算法在整个候选解空间中表现出很强的随机跳跃性,才使得布谷鸟在每个鸟巢附近的局部搜索显得相当粗糙,忽视了很多局部区域的优化信息。这严重削弱了布谷鸟搜索算法的局部精细搜索能力,可能导致算法在运行后期产生振荡现象,进而使算法的收敛速度变慢,求解精度降低。

(4)方向约束的布谷鸟搜索算法

式(4-26)中,步长的更新方式并没有利用最优位置的信息,故本书提出一种方向约束的布谷鸟搜索算法,即将式(4-26)改为:

$$x_i^{t+1} = x_i^t + \text{rand}(\quad) \cdot (p_g^{(t)'} - x_k^{(t)'}) \tag{4-30}$$

式中 $p_g^{(t)'}$ 为当前群体的历史最优位置。这个值是固定的,它代表了随机位置中的一个特定位置,$(p_g^{(t)'} - x_k^{(t)'})$ 的向量集合必然是 $(x_j^{(t)'} - x_k^{(t)'})$ 向量集合的子集,与标准的布谷鸟搜索算法相比,这种改进方法的搜索空间有所减少,随机性也有所减少。这种步长的更新方式确保了所有鸟巢位置在更新时都包含最优位置的信息,为搜索提供了一个偏向最优值的方向,增强了算法的局部搜索性能,提高了算法的收敛速度。

对于式(4-30),随机的情况主要有以下两种:

① 如果 $p_g^{(t)'} \in I_1$ 且 $x_k^{(t)'} \in I_1$,则 $f(p_g^{(t)'}) < f(x_k^{(t)'})$,$f(x_k^{(t)'}) < f(x_i^{(t)'})$。此时通过式(4-30)将会产生一个偏向较优个体的可行方向,然后进行局部搜索,概率为 p。

② 如果 $p_g^{(t)'} \in I_1$ 且 $x_k^{(t)'} \in I_2$,则 $f(p_g^{(t)'}) < f(x_k^{(t)'})$,$f(x_k^{(t)'}) > f(x_i^{(t)'})$。此时通过式(4-30)将会产生另一个偏向较优个体的可行方向,然后进行局部搜索,概率为 q。

总体来说,个体进行局部搜索的概率为 $p + q = 1$,对于某一个体,无论其适应度是优还是差,都会进行局部搜索,这使得算法的局部搜索性比 CS 算法(布谷鸟搜索算法)强。假设一个目标函数为 $f(x) = x_1^2 + x_2^2 + \cdots + x_n^2$,设 $n = 30$,从这 30 维中随机选择两维位置绘制平面直角坐标图。经过多次试验发现,OCS 算法与 CS 算法的搜索模式不同。当种群数量均为 100 时,算法运行到 100 代,此时 CS 算法的坐标点明显比较分散,OCS 算法的坐标点更靠近最优值。随着迭代次数的增加,OCS 算法中靠近最优值的点越来越多,CS 算法中靠近最优值的点要少于 OCS,大部分点还比较分散。当运行到 150 代时,OCS 算法中明显有部分点聚集在最优值附近,而 CS 算法则不太明显。当运行到 200 代时,OCS 算法中的点已经通过模拟布谷鸟的自然行为,表现出在解决优化问题时的独特优势,尤其是在处理具有复杂搜索空间的问题上。其核心机制在于利用莱维飞行的随机性和布谷鸟寄生繁殖的策略来更新解集,提高算法的搜索效率和解的质量。通过不断迭代,算法能够有效地逼近全局最优解。

相关算法流程如下:

① 初始化。随机产生 n 个鸟巢的初始位置,计算每个鸟巢的目标函数值,并确定当前最优的鸟巢位置和最优值。同时,随机产生 n 组参数,并计算每组参数下的目标函数值。

② 保留上代最优的鸟巢位置,其他的鸟巢位置按照式(4-30)进行更新,并计算这组新鸟巢位置的目标函数值。与上一代鸟巢位置进行对比,用目标函数值较好的鸟巢位置替代目标函数值较差的鸟巢位置,从而得到一组当前较优的鸟巢位置。

③ 用随机数 $\text{rand} \in [0,1]$ 与每个鸟巢被发现的概率 Pa 进行比较,如果 $\text{rand} < Pa$,则保留鸟巢的位置;如果 $\text{rand} > Pa$,则更新鸟巢位置,得到一组新的鸟巢位置。比较更新前后鸟巢位置的目标函数值,用目标函数值较好的鸟巢位置替代目标函数值较差的鸟巢位置,从而得到一组当前较优的鸟巢位置。

④ 选出最优的鸟巢位置,并计算它的目标函数值。然后判断是否满足终止条件,如果满足终止条件,则输出最优位置和最优值;否则,返回②继续迭代。

布谷鸟搜索算法的流程图如图4-11所示。

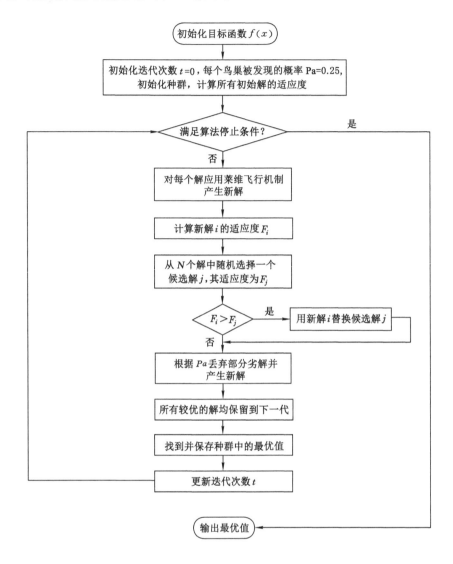

图 4-11 布谷鸟搜索算法的流程图

4.4 应用研究

4.4.1 M-CM-GA-ELM 模型的应用

淮南煤田位于安徽省淮北平原南部、淮河中游两岸。淮南煤田东西长为 180 km,南北宽为 15~25 km,含煤面积约 3 000 km²。淮南矿区为淮河冲积平原,除部分地区为丘陵、岗地外,其余均为冲积平原,地表标高为 +20~+30 m。淮南矿区由淮河南岸的老区和淮河北岸的潘谢新区组成。老区各矿分布在淮南复向斜构造的南翼八公山区向南凸出的弧形构造带内,断裂构造较多,煤层倾角一般大于 20°,开采条件相对较差。潘谢新区主要井田位于淮南复向斜构造内的陈桥背斜、潘集背斜南翼,煤层倾角一般小于 15°,构造简单,开采条件较好。老区采煤方法以普采、炮采为主;潘谢新区采煤方法以长壁综采和综放开采为主。顶板管理方法均采用全部垮落法。

淮南潘谢矿区的地质采矿条件具有特殊性,该区可采煤层为 9～18 层,可采总厚度达 30 m 左右。含煤地层被松散冲积层所覆盖,采深大,松散层较厚,达140～580 m。对现已投产的潘一、潘二、潘三、谢桥矿和张集矿五对矿井进行统计,工厂及风井原设计保护煤柱压煤量总计达 48 880.3 万 t,占保有储量的 10.09%。此外,村庄、铁路及地面建筑物压煤也造成大量煤炭资源处于闲置状态,无法开采。

为了对 M-CM-GA-ELM 模型的泛化性能进行验证,以下沉系数 q 为例进行分析。由于收集到的淮南矿区实测资料(近 20 个)较少,难以满足神经网络对数据量的要求,本小节搜集了部分实测资料,加上淮南矿区已有的资料,共有 70 组观测站的下沉系数。影响下沉系数大小的因素有平均采深、基岩厚度和松散层厚度(h_s)等。本小节基于这 70 组观测数据构建了下沉系数与基岩采深比之间的拟合模型,拟合结果如图 4-12 所示。

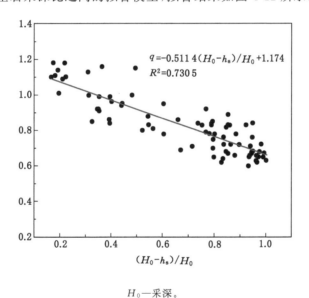

H_0—采深。

图 4-12　下沉系数与基岩采深比之间的关系

为了建立融合模型,本小节将 70 组数据分为两部分:80% 的实测数据,共 56 组,作为训练样本来建立预测模型;剩余 20% 的数据,共 14 组,作为测试样本来验证模型的泛化性能。M-CM-GA-ELM 模型的相关参数设置如下。GA 算法:种群规模为 50,最大迭代次数为 100,交叉概率为 0.7,变异概率为 0.01,代沟为 0.95;ELM 神经网络:输入层神经元的个数为 2 个(平均采深和松散层厚度),隐含层神经元的个数为 12 个,输出层神经元的个数为 1 个,激活函数采用 S 型函数;为减少运行时间,CM 模型中的运行次数设置为 50。下沉系数 q 与采深 H_0、松散层厚度 h_s 的关系为:

$$q = -0.511\,4\left(\frac{H_0 - h_s}{H_0}\right) + 1.174$$

为验证 M-CM-GA-ELM 模型的预测效果,同时采用 CM-GA-ELM 模型、CM-ELM 模型、ELM 模型、GA-ELM 模型进行比较,结果见图 4-13。

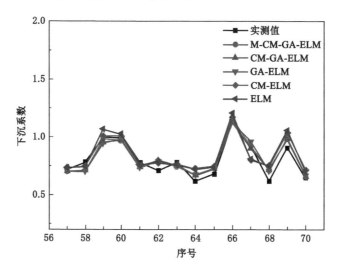

图 4-13　预测结果对比示意

为定性地分析优化后的 ELM 神经网络模型和未优化的 ELM 神经网络模型在预测性能上的差异,分别计算了 ELM 模型、CM-ELM 模型、GA-ELM 模型和 CM-GA-ELM 模型的预测值精度评价指标,本书以预测结果的平均相对误差和均方根误差作为精度评价指标:

$$MeaRE = \frac{1}{n} \sum_{i=1}^{n} \left| \frac{x_i' - x_i}{x_i} \right| \times 100\%$$ (4-31)

$$RMSE = \sqrt{\frac{1}{n} \sum_{i=1}^{n} (x_i' - x_i)^2}$$ (4-32)

式中,x_i' 为第 i 个预测值;x_i 为第 i 个实测值;n 为预测样本数量。其中,MeaRE 代表了预测结果的稳定性,其值越小,表明预测模型的稳定性越高;RMSE 能够有效地反映模型预测值与实测值之间的偏离程度,其值越小,预测值越逼近实测值。精度指标计算结果见表 4-1。

表 4-1　精度指标计算结果

预测模型	M-CM-GA-ELM	CM-GA-ELM	GA-ELM	CM-ELM	ELM
MeaRE	5.509	5.719	6.066	8.131	8.752
RMSE	0.050	0.052	0.054	0.074	0.079

由图 4-13 可以看出,M-CM-GA-ELM 模型具有较好的泛化性能,虽然部分点存在微小的波动,但整体预测精度较高。由表 4-1 可以看出,预测结果的精度从高到低排序为:M-CM-GA-ELM>CM-GA-ELM>GA-ELM>CM-ELM>ELM。通过对比可知,GA 算法在提高精度方面具有较大的优势。由 M-CM-GA-ELM 模型、CM-GA-ELM 模型的精度对比

结果可知,增加多元回归模型后,精度有明显提升。

4.4.2　M-CM-GA-ELM 模型的影响因素

（1）隐含层节点数对模型预测精度的影响

隐含层节点数对 M-CM-GA-ELM 模型的预测精度起着关键的作用,隐含层节点过多或过少都会对预测结果产生直接影响,通常的解决办法是通过反复试验和根据自身经验来确定。试验发现,当隐含层的节点大于 30 时,误差会出现较大的突变,故本小节选取的隐含层节点的范围为 1～30,通过测试集预测结果的平均相对中误差的大小来判断合适的隐含层节点个数,预测结果如图 4-14 所示。

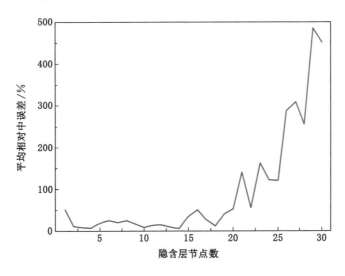

图 4-14　隐含层节点数的选择

由图 4-4 可知,测试集预测精度随着隐含层节点数的变化而发生较大变化,由多次试验可得,当隐含层节点数为 14 时,测试集的平均相对中误差达到最小,为 5.699%, 此时精度最高。因此,本小节所采用的隐含层节点数为 14 个。

（2）激活函数的选择对预测结果的影响

常见的激活函数有 S 型函数、Sin(sin)函数、Hardlim 函数,其形式为:

S 型函数:
$$f(a,b,x)=\frac{1}{1+e^{-(ax+b)}} \tag{4-33}$$

Sin 函数:
$$f(a,b,x)=\sin(ax+b) \tag{4-34}$$

Hardlim 函数:
$$f(a,b,x)=\begin{cases}1,ax-b\geqslant 0\\0,其他\end{cases} \tag{4-35}$$

分别采用这三种激活函数建立预测模型,其他参数保持一致,采用 M-CM-GA-ELM 模型预测下沉系数,预测结果见图 4-15 和表 4-2。

由图 4-15 和表 4-2 可知,当激活函数为 S 型函数时,模型的泛化性能最好,Sin 函数次之,Hardlim 函数最差。这表明当进行下沉系数预测时,M-CM-GA-ELM 模型采用 S 型函数能够取得较好的泛化性能。

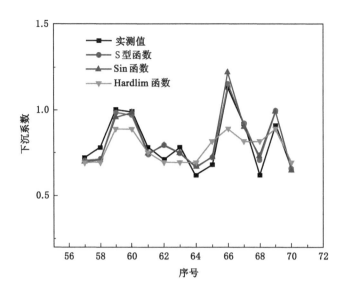

图 4-15　不同激活函数预测结果对比示意

表 4-2　不同激活函数下预测模型的精度

激活函数		S 型函数	Sin 函数	Hardlim 函数
下沉系数	MeaRE	5.509	6.321	11.296
	RMSE	0.050	0.059	0.110

（3）测试集的数目对训练结果的影响

在机器学习领域,合理划分训练集、验证集和测试集至关重要,本部分针对移动角的预测问题,讨论如何设置测试集和训练集的比例。通常情况下,将训练集和测试集按 7∶3 的比例划分;若有验证集,则按 6∶2∶2 的比例划分。当数据量较小(如万级别及以下)或针对特定问题时,适当改变测试集和训练集的比例,能在一定程度上提高预测模型的精度。以 M-CM-GA-ELM 模型为例,在保持总样本数量一致的前提下,设置测试样本的数量分别为 14(20%)、21(30%)、28(40%)、35(50%)。不同测试样本下的预测结果见表 4-3。

表 4-3　不同测试样本下的预测结果

参数		测试样本的数量			
		14	21	28	35
下沉系数	MeaRE	5.509	5.588	6.236	7.824
	RMSE	0.050	0.051	0.059	0.072

由表 4-3 可知,在总样本数量不变的情况下,随测试样本数量的增加,在一定范围内,平均相对误差和均方根误差呈现逐渐增大的趋势,这说明预测参数的稳定性在降低,原因在于测试样本数量的增加导致学习样本数量的减少,从而导致预测性能下降。

4.4.3 IDPIM 模型模拟试验

(1)模拟试验地质采矿条件及卫星数据概况

在淮南煤层赋存条件下进行模拟,模拟工作面的各个地质采矿条件参数如下:采高 $M=$ 3 m,采深 $H=300$ m,煤层倾角为 10°,倾向方位角为 180°,工作面开采设计为 $D_1 \times D_3 =$ 300 m×600 m,平均开采速度 $v=6.5$ m/d,Knothe(克诺特)时间函数 $c=0.029$ 6, Boltzmann(玻尔兹曼)常数 $A_3=0.745$,$A_4=0.184$。在图 4-16(a)中,工作面剖面布设了观测线。SAR 影像监测的 LOS 向变形可用工作面上方东西向和南北向排列的像元来进行模拟,如图 4-16 所示。LOS 向方位角=350.596°,卫星的重复观测时间是 12 d。

模拟试验设计如图 4-16(a)所示,工作面剖面布设了观测线,在观测线上间隔 3 m 布设观测点(走向观测点编号为 $T_1 \sim T_{301}$,倾向观测点编号为 $L_1 \sim L_{281}$)。Boltzmann 函数可以很好地描述开采后不同时间的下沉系数,因此模拟试验中各个时间的下沉系数采用 Boltzmann 函数来替代,即

$$q_{T_i} = q\left[A_2 + \frac{A_1 - A_2}{1 + e^{(I_{T_i} \cdot 1.1H - A_3)/A_4}}\right] \tag{4-36}$$

式中,A_1 至 A_4 均为 Boltzmann 常数;I_{T_i} 为 T_i 时刻的沉降速率;H 为采深。

利用模拟的地质采矿条件和基于 IDPIM 模型中的相关公式,首先模拟出了第 12~24 d、第 24~36 d、第 36~60 d 的三幅差分干涉变形图,结果如图 4-16 所示。

为了验证基于动态预计改进模型的全尺度梯度开采沉陷 D-InSAR 三维预测方法的可行性,首先进行模拟试验,验证基于遗传算法的 IDPIM 模型预计参数求解的可行性,随后利用反演的参数及 IDPIM 模型对开采地表进行三维变形预测。选取图 4-16(d)中 $T_{i-1}=36$ 和 $T_i=60$ 时间段内的 D-InSAR LOS 向变形数据作为验证数据,模拟工作面的 IDPIM 模型预计参数真值为:$P=[0.355\ 7,0.3,2,1,0.7,85,0,0,0,0]$。$T_i=60$ 时,模拟工作面的开采沉陷预计参数真值为:下沉系数为 0.730 1,其余概率积分参数与 T_{i-1} 时刻相同。

在验证基于遗传算法的 IDPIM 预计参数求解的可行性试验中,首先在参数真值附近选取任意初值(工程实践中,参数初值根据地质采矿条件与概率积分参数的经验关系模型确定),然后基于模拟的 $T_{i-1}=36$ 和 $T_i=60$ 时间段内的 D-InSAR LOS 向变形数据,利用建立的基于遗传算法的 IDPIM 预计参数求解方法反演 IDPIM 预计参数,若反演计算得到的 IDPIM 预计参数和 IDPIM 预计参数真值接近,则可认为该模型是可行的。

最后利用反演的 IDPIM 模型预计参数对开采地表进行三维变形预测,并对 IDPIM 模型预测的地表三维变形值与模拟的地表三维变形值进行对比和精度分析。

(2)模拟试验及结果分析

按照常规煤矿开采地表移动观测站的布设形式,分别选取工作面走向 AB 左侧剖面边缘(LOS 向变形量为 40 mm 以外的区域,间隔 3 m 取点,共 48 个点,观测点编号为 $T_1 \sim$ T_{48})和倾向 CD 剖面上下侧边缘(LOS 向变形量为 40 mm 以外的区域,间隔 3 m 取点,共 96 个点,观测点编号为 $L_1 \sim L_{48}$、$L_{210} \sim L_{257}$)共计 144 个离散像元作为求参模拟观测线。根据本书建立的求参模型,联合 AB、CD 剖面上 144 个离散像元的 LOS 向变形真实值及

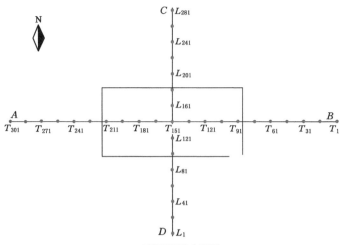

(a) 工作面测线布设图

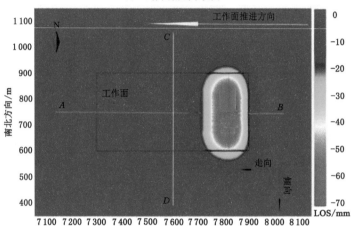

(b) 第12～24 d的LOS向变形

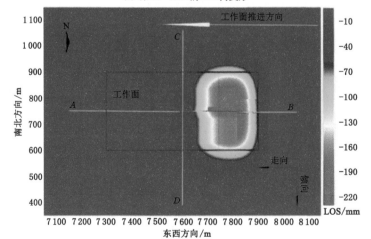

(c) 第24～36 d的LOS向变形

图 4-16　模拟 LOS 向变形图

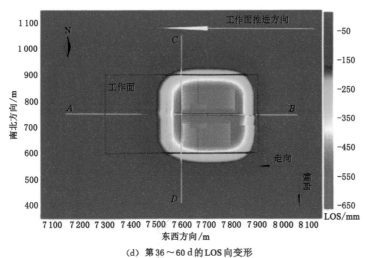

(d) 第36～60 d 的 LOS 向变形

图 4-16(续)

LOS 向变形拟合值,进行概率积分参数求取,求参结果如表 4-4 所示,LOS 向变形拟合效果如图 4-17 所示。

表 4-4　求参结果

名称	$q_{T_{i-1}}$	q_{T_i}	$\Delta q = q_{T_i} - q_{T_{i-1}}$	$\tan \beta_1$	$\tan \beta_2$	$\theta/(°)$	$S_1/S_2/S_3/S_4$ /m	b	ρ	c
参数真值	0.355 7	0.730 1	0.374 4	2.6	1.8	85	0	0.3	0.4	0.029 6
反演参数	0.366 7	0.719 3	0.366 3	2.732 8	1.768 8	86.12	1	0.317 8	0.401 3	0.029 4
绝对误差	0.011	0.003	0.008 1	0.132 8	0.031 2	1.12	1	0.017 8	0.001 3	0.000 2
相对误差/%	3.09	0.3	2.15	5.11	1.74	1.32	/	5.94	0.31	0.6

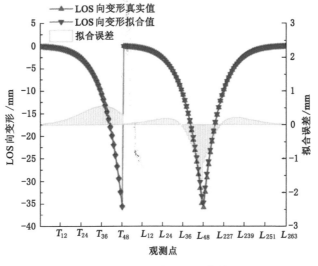

图 4-17　LOS 向变形拟合效果

由表 4-4 可以看出,反演参数 θ 的最大绝对误差为 1.12°,其余参数的绝对误差不超过 0.132 8;反演参数 b、$\tan \beta_1$ 的相对误差较大,分别为 5.94% 和 5.11%,其余参数的相对误差不超过 3.09%,这表明求解出来的预计参数与其真实值相差较小(拐点偏移距对求参结果的影响较小,因此不予考虑)。由图 4-17 可以看出,LOS 向拟合变形与真实变形基本吻合,拟合误差较低,拟合效果较好。综合以上分析,在不考虑 LOS 向变形误差的情况下,基于遗传算法的 IDPIM 预计参数求解方法可以利用边缘信息精准地反演出 IDPIM 模型预计参数。

利用 IDPIM 模型及上述参数和相关地质采矿条件对 $T_{i-1}=36$ 和 $T_i=60$ 时间段内的矿区地表下沉、东西向和南北向水平移动进行预测,即可得到开采沉陷全盆地地表三维变形预测结果,如图 4-18 所示。

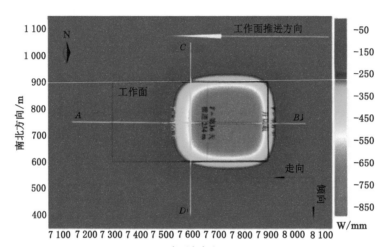

(a) 地表下沉

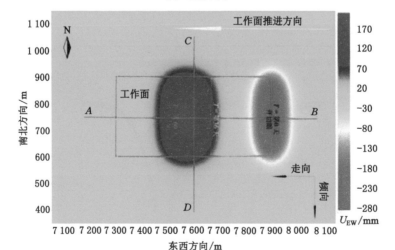

(b) 东西向水平移动

图 4-18　开采沉陷全盆地地表三维变形预测结果

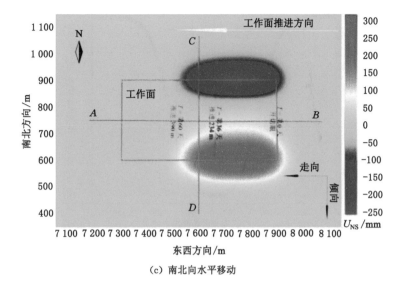

（c）南北向水平移动

图 4-18（续）

为了验证开采沉陷全盆地地表三维变形预测结果的正确性，对模拟矿区采动布设的走向移动与变形剖面线 AB（点间隔为 6 m，共 149 个点）和倾向移动与变形剖面线 CD（点间隔为 6 m，共 134 个点）上的监测点进行三维变形预测，并与模拟的地表三维变形实测值进行对比，结果如图 4-19 所示。

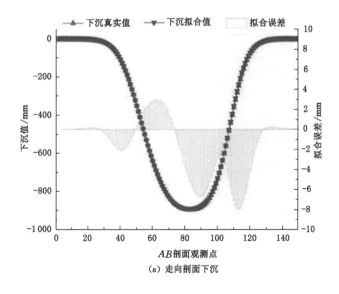

（a）走向剖面下沉

图 4-19 三维变形对比示意

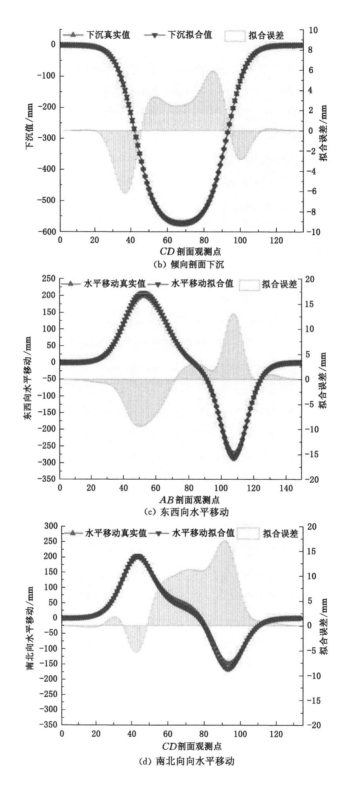

(b) 倾向剖面下沉

(c) 东西向水平移动

(d) 南北向向水平移动

图 4-19(续)

由图 4-19 可以看出：① 通过上述预测方法得到的地表三维变形值与模拟的地表三维变形值具有较好的一致性。② AB 剖面下沉的拟合误差范围为 $-7.96 \sim 2.94$ mm，CD 剖面下沉的拟合误差范围为 $-6.18 \sim 5.9$ mm；AB 剖面东西向水平移动的拟合误差范围为 $-9.43 \sim 13.06$ mm；CD 剖面南北向水平移动的拟合误差范围为 $-5.28 \sim 17.17$ mm。计算剖面线监测点的均方根误差，结果见表 4-5。

表 4-5　监测精度分析

方向	AB 剖面下沉	CD 剖面下沉	AB 剖面东西向水平移动	CD 剖面南北向水平移动
RMSE/mm	3.15	2.77	4.78	7.30

由表 4-5 可以看出：① 监测点下沉的均方根误差最大为 3.15 mm，水平移动的均方根误差最大为 7.30 mm，这表明本书建立的开采沉陷 LOS 向变形概率积分法边缘修正模型动态预计参数方法在开采沉陷全盆地地表三维变形预测上具有较高的精度，并符合常规技术获取矿区三维变形的精度要求。② 与监测水平移动相比，利用该方法监测下沉的精度更高，这符合 SAR 卫星监测的实际情况。

综合以上分析，本书建立的融合 IDPIM 模型和单对 D-InSAR 技术的全尺度梯度开采沉陷三维监测方法，能够对矿区开采沉陷全盆地进行精准的三维变形预测，从而验证了该模型的可行性。

4.4.4　IDPIM-InSAR 工程应用

研究区为顾桥矿区 1613 工作面上覆地表。SAR 数据选择免费对外开放的 Sentinel(哨兵)-1A/B 数据。用于去除地形相位的 DEM(数字高程模型数据)采用 SRTM(航天飞机雷达地形测绘使命)数据，SAR 数据与 DEM 数据完全覆盖研究区。精密轨道数据采用的是 POD 回归轨道数据。本小节选取了 2017 年 11 月 16 日(距开采时间 235 d)—2017 年 12 月 10 日(距开采时间 259 d)的时间基线为 24 d 的 2 景 Sentinel-1A SAR 影像进行试验。对主、从影像利用二轨差分技术进行差分干涉测量，差分干涉测量处理过程中采用 MCF 方法进行相位解缠，最后经过地理编码获取了 LOS 向的地表移动变形场，如图 4-20 所示。图 4-20 中，靠近盆地核心处的干涉条纹杂乱，盆地核心处无色彩条纹，这表明获取的 LOS 变形场干涉图的中心部分是错误的，原因是该时段内工作面开采引起的地表变形较大，变形梯度超过了 D-InSAR 技术监测梯度的临界值——最大变形梯度(MMDG)。由相关理论可知，D-InSAR 技术对于监测开采沉陷盆地边缘部分是有效的，且图 4-20 的盆地边缘区域具有连续性非跳跃式变化。综上所述，我们可认为干涉图监测结果是准确的。

根据开采沉陷地表变形机理，近水平煤层开采沉陷盆地具有对称性。1613 工作面为近水平煤层，且盆地边缘区域具有连续性非跳跃式变化，因此可沿走向左侧、走向右下侧(走向主断面干涉图色带不连续，而走向右下侧干涉图色带连续变化，因此选择走向右下侧)、倾向上侧共选取三条求参线($T_1 \sim T_{19}$、$T_{20} \sim T_{25}$、$L_{26} \sim L_{36}$ 三条求参线倾向另一侧，由于受相邻工作面开采影响，故舍弃)。基于 D-InSAR 技术监测的边缘 LOS 变形场，利用本书提出的融合 IDPIM 模型和单对 D-InSAR 技术的全尺度梯度开采沉陷三维监测方法对 1613 工作面开采沉陷地表三维变形进行监测。基于遗传算法的 IDPIM 预计参数求解结果和拟合效果分别如图 4-21 和表 4-6 所示。

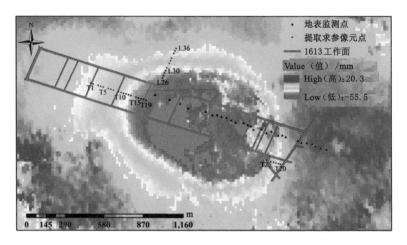

图 4-20　1613 工作面地表 LOS 向变形

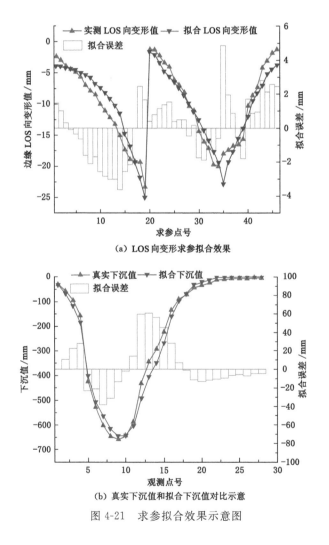

（a）LOS 向变形求参拟合效果

（b）真实下沉值和拟合下沉值对比示意

图 4-21　求参拟合效果示意图

表 4-6 求参试验结果

名称	$q_{T_{i-1}}$	q_{T_i}	$\Delta q = q_{T_i} - q_{T_{i-1}}$	$\tan \beta_1$	$\tan \beta_2$	$\theta/(°)$	$S_1/S_2/S_3/S_4/m$	b	c	ρ
参数	0.710 9	0.712 8	0.001 875	2.075	3.312 5	85.437	11.72/28.13/-42.19/-47.66	0.200 21	0.049 054	0.242 19

利用 IDPIM 模型及上述求取出来的参数和相关地质采矿条件,对顾桥矿区 1613 工作面 2017 年 11 月 14 日(距开采时间 235 d)—2017 年 12 月 09 日矿区开采产生的地表下沉、东西向和南北向水平移动进行预测,即可得到该时段内的开采沉陷全盆地三维变形,预测结果如图 4-22 所示。

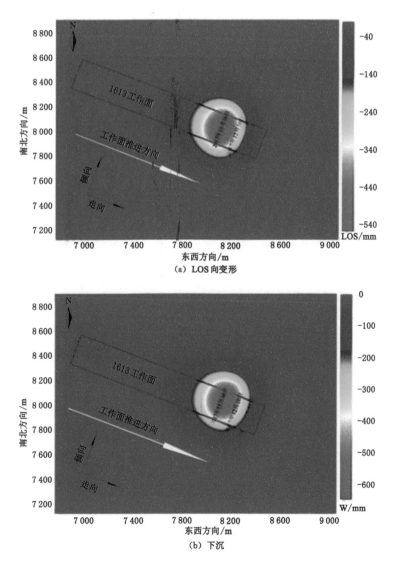

图 4-22 IDPIM-InSAR 监测地表三维变形

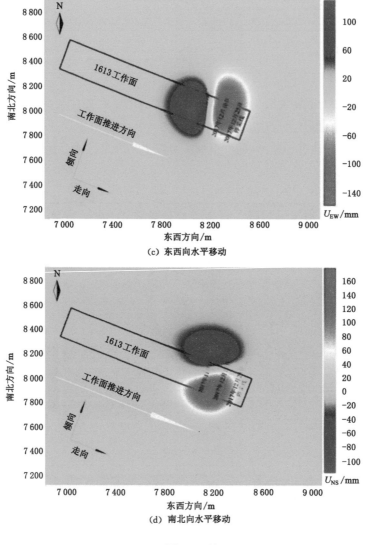

图 4-22(续)

由图 4-22(a)可以看出,开采沉陷移动变形盆地边缘 LOS 向变形拟合值与 D-InSAR 技术监测的 LOS 向变形值符合较好,拟合误差范围为 $-2.52\sim3.22$ mm,拟合中误差为 ±1.60 mm,拟合精度较高。利用反演求取的 IDPIM 预计参数预测出 $T_{i-1}=235$ 和 $T_i=259$ 时的矿区地表 LOS 向变形值和地表变形值,由图 4-22(a)和图 4-18对比可以看出,LOS 向最外变形区域基本一致,且图 4-22(a)预测出的 LOS 向变形场相对图 4-18,变形色调呈连续非跳跃变化。

为了验证融合 IDPIM 模型和单对 D-InSAR 技术的全尺度呈梯度开采沉陷三维监测方法的准确性,将本方法预测出的下沉值与工作面走向剖面实测地表下沉值进行对比,结果如图 4-22(b)所示,由图 4-22(b)可以看出,实测下沉曲线与拟合下沉曲线具有很好的一致性,盆地趋势基本相同。其中,下沉拟合误差最大为 60 mm(占最大下沉值的 9.1%),拟合中误差为±26.21 mm(占最大下沉值的 4%)。由图 4-22 可以看出,开采沉陷下沉盆地边缘部分与实测下沉盆地基本吻合,且边缘部分吻合程度较高。因此,基于动态预计改进模型约束的全尺度梯度开采沉陷 D-InSAR 三维预测方法可近似反演出开采沉陷全盆地三维变形,该研究模型具有一定的工程应用价值。

4.4.5 IDPIM 方法性能分析

(1) 可靠性分析

在利用智能优化算法进行参数寻优的过程中,每次试验求解的各个参数是不同的。因此,为了研究本书提出的基于动态预计改进模型约束的全尺度梯度开采沉陷 D-InSAR 三维预测方法的可靠性,设计 10 组相同的试验,利用基于遗传算法的 IDPIM 预计参数进行求参,求取的各个参数的波动情况见图 4-23。

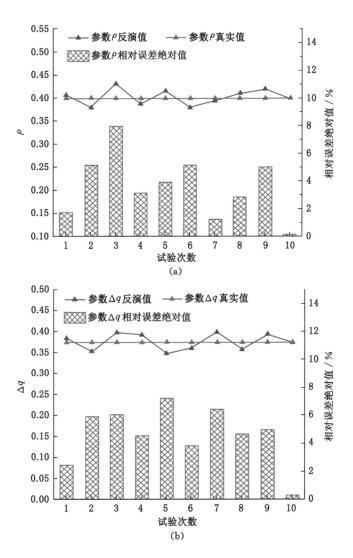

图 4-23　求取的各个参数的波动情况

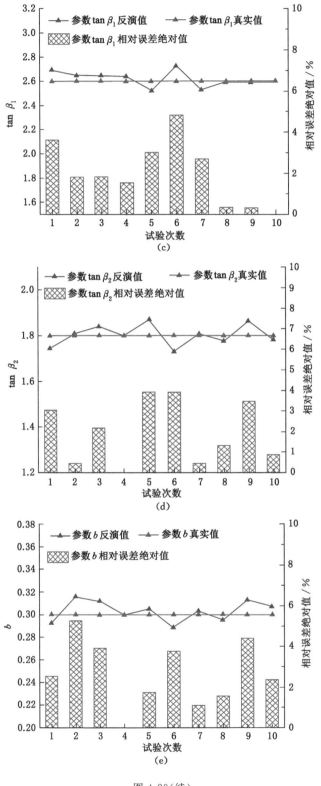

图 4-23(续)

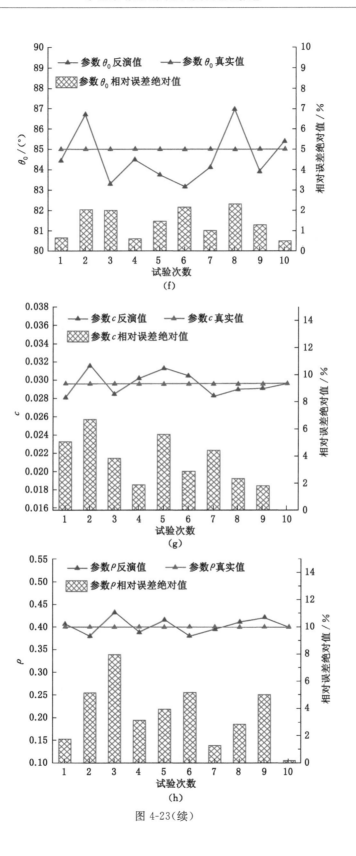

图 4-23(续)

由图 4-23 可以看出,在相同情况下,基于遗传算法的 IDPIM 预计参数求解试验结果不尽相同,利用该方法求取的参数相对误差绝对值呈现一定程度的波动。求取的 IDPIM 模型预计参数的最大相对误差绝对值分别为:8.35%、7.2%、4.8%、3.9%、5.26%、2.31%、6.71%、7.97%;各个参数的拟合中误差分别为:0.018 7、0.018 8、0.06、0.04、0.01、1.31、0.001 2、0.016 9,各个 IDPIM 预计参数反演值与其真实值相差较小。综合以上分析可知,基于动态预计改进模型约束的全尺度梯度开采沉陷 D-InSAR 三维预测方法具有较强的可靠性。

(2)抗随机误差分析

在雷达卫星影像获取过程中,由于大气、植被、矿区复杂环境的影响,观测值中往往包含一定比例的噪声误差,而包含误差的差分干涉相位值会对相位解缠造成影响,从而会对开采沉陷动态预计参数的反演造成影响。

为了研究基于动态预计改进模型约束的全尺度梯度开采沉陷 D-InSAR 三维预测方法对测量数据中误差的抗干扰能力,设计了模型抗随机误差和抗粗差的模拟试验。有研究表明,在相关噪声影响较小的情况下,D-InSAR 技术可监测毫米级变形。因此,设计出分别含有 ±2 mm、±4 mm、±6 mm 随机误差的 LOS 向观测值,最后利用本书提出的基于遗传算法的 IDPIM 预计参数进行求参。为避免参数求取的偶然性,分别进行 50 次试验,各参数反演平均值及绝对误差和相对误差如表 4-7 所示。

表 4-7　随机误差干扰后的结果

参数	设计值	LOS±2 mm 随机误差			LOS±4 mm 随机误差			LOS±6 mm 随机误差		
		反演平均值	绝对误差	相对误差/%	反演平均值	绝对误差	相对误差/%	反演平均值	绝对误差	相对误差/%
$q_{T_{i-1}}$	0.3557	0.3245	0.0313	8.78	0.3057	0.0500	14.06	0.4292	−0.0734	20.64
$\tan\beta_1$	2.6	2.518 8	0.081 3	3.13	2.679 7	0.079 7	3.06	2.678 1	−0.078 1	3.00
$\tan\beta_2$	1.8	1.828 1	0.028 1	1.56	1.764 1	0.035 9	2.00	1.798 4	0.001 6	0.09
b	0.3	0.310 9	0.010 9	3.65	0.273 4	0.026 6	8.85	0.272 8	0.027 2	9.06
$\theta/(°)$	85	85.281 3	0.281 3	0.33	85.406 3	0.406 3	0.48	85.593 8	0.593 8	0.70
$S_1/S_2/S_3/S_4/m$	0	1.2	/	/	/	/	/	/	/	/
c	0.029 6	0.029 9	0.000 3	1.06	0.032 7	0.003 1	10.56	0.024 0	0.005 6	19.00
Δq	0.374 4	0.407 2	0.032 8	8.76	0.374 4	0.000 0	0.00	0.429 1	0.054 7	14.61
ρ	0.4	0.368 0	0.032 0	8.01	0.396 1	0.003 9	0.98	0.432 8	0.032 8	8.20
q_{T_i}	0.730 1	0.731 7	0.001 6	0.22	0.701 8	0.028 3	3.88	0.858 2	0.128 1	17.55

由表 4-7 可以看出:① 随着随机误差的增大,开采沉陷动态概率积分参数(q_{T_i}、Δq、b、θ、c)的绝对误差呈增大趋势,表明随机误差的变化对 IDPIM 模型预计参数的反演精度具有一定的影响。② 随着随机误差的增大,开采沉陷动态概率积分参数反演精度整体呈降低趋势,随机误差达到 ±6 mm 时,$q_{T_{i-1}}$、Δq_{T_i}、Δq、c 的相对误差分别为 20.64%、17.55%、14.61%、19.00%;其他 IDPIM 模型预计参数的反演精度较高,其相对误差均未超过 10%。

试验结果表明,基于动态预计改进模型约束的全尺度梯度开采沉陷 D-InSAR 三维预测方法有较强的抗随机误差能力。

（3）抗粗差分析

为了研究测量数据的粗差对融合 IDPIM 模型和单对 D-InSAR 技术的全尺度梯度开采沉陷三维监测方法的影响,在模拟试验条件的基础上,首先对工作面走向 AB 剖面和倾向 CD 剖面共计 144 个离散像元的 LOS 向变形值,分别随机抽取求参像元数量的 5%、10%、20%,然后加上粗差,粗差大小为 3.5 mm(LOS 向变形值最大值的 10%),最后求取 IDPIM 模型预计参数。为避免参数求取的偶然性,同样分别进行 50 次试验,各参数反演平均值及相关误差如表 4-8 所示。

表 4-8 粗差干扰结果

参数	设计值	5%像元点存在粗差			10%像元点存在粗差			20%像元点存在粗差		
		反演平均值	绝对误差	相对误差/%	反演平均值	绝对误差	相对误差/%	反演平均值	绝对误差	相对误差/%
$q_{T_{i-1}}$	0.355 7	0.346 3	0.009 4	2.64	0.316 7	0.039 1	10.98	0.408 8	0.053 1	14.93
$\tan \beta_1$	2.6	2.529 7	0.070 3	2.70	2.642 2	0.042 2	1.62	2.646 9	0.046 9	1.80
$\tan \beta_2$	1.8	1.831 3	0.031 3	1.74	1.831 3	0.031 3	1.74	1.800 0	0.000 0	0.00
b	0.3	0.257 8	0.042 2	14.06	0.285 9	0.014 1	4.69	0.350 0	0.050 0	16.67
$\theta/(°)$	85	84.906 3	0.093 7	0.11	83.437 5	1.562 5	1.84	85.375 0	−0.375 0	0.44
$S_1/S_2/S_3/S_4/\text{m}$										
c	0.029 6	0.033 2	0.003 6	12.14	0.035 4	0.005 8	19.53	0.027 7	0.001 9	6.33
Δq	0.374 4	0.340 0	0.034 4	9.18	0.369 7	0.004 7	1.25	0.382 2	0.007 8	2.09
ρ	0.4	0.404 7	0.004 7	1.17	0.369 5	0.030 5	7.62	0.350 8	0.049 2	12.30
q_{T_i}	0.730 1	0.686 4	0.043 7	5.99	0.686 4	0.043 7	5.99	0.759 6	0.029 5	4.04

由表 4-8 可以看出:① 随着求参数据粗差比例的增加,开采沉陷动态概率积分参数 $q_{T_{i-1}}$ 和 ρ 的绝对误差增大,表明求参数据粗差比例的变化对 IDPIM 模型预计参数的反演精度具有一定的影响,参数 $q_{T_{i-1}}$、ρ、c 对粗差干扰的敏感性较高,其他参数对粗差干扰的敏感性较低。② 当粗差数据比例为 5% 和 10% 时,求解相对误差最大的参数为 c,其相对误差的最大值为 19.53%,表明时间函数 c 对观测值中的粗差较为敏感。③ 当粗差数据比例为 20% 时,求解相对误差最大的参数为 b,其相对误差为 16.67%。总体上,求参试验结果与设计值吻合,各参数反演精度均较高。结果表明,IDPIM-InSAR 三维预测方法具有较强的抗粗差能力,可以抵抗观测值 10% 以内的粗差。

4.4.6 厚松散层下淮南开采沉陷区域预测参数

（1）部分工作面参数解算

在计算下沉值时,在同一采空区沉降变形预测中,岩土体分层预测组合模型的下沉系数、主要影响角正切值与概率积分模型参数相比有着较大的变化,而开采影响传播角和拐点偏移距变化不明显。其主要原因为:开采影响传播角取决于采空区倾斜方向上最大下沉点的位置,拐点偏移距取决于采空区下沉曲线的拐点位置,对于某一确定的采空区,最大下沉点位置和下沉曲线拐点位置均是固定不变的。因此,岩土体分层预测组合模型参数中的开采影响传播角和拐点偏移距可以选用概率积分模型中的相应参数,而修正后的下沉系数、主要影响角正切值与新增参数松散层影响系数则需要进一步确定。

利用 OCS 算法分别结合概率积分模型和岩土体分层预测组合模型对 12326、1613(1)、1414(1)、1252(1)、1111(1)、1222(1) 和 2111(3) 七个工作面进行参数反演。通过进行参数反演,一方面可以验证岩土体分层预测组合模型的精确性,另一方面可以得到新模型参数的经验公式。

① 12326 工作面

12326 工作面为顾北矿区北一采区首采工作面,走向实际回采长度为 770 m,倾向回采宽度为 205 m,平均回采速度为 4.01 m/d。煤层倾角为 3°～8°,平均倾角为 5°,煤层厚度为 0.4～4.6 m,平均厚度为 2.55 m,煤层厚度变化较大,由北向南煤层逐渐增厚。采用综采一次采全高采煤方法以及采用全部垮落法管理顶板,平均采高为 3.0 m。煤层埋深为 539～575 m,平均埋深为 557 m。根据 12326 工作面周围钻孔资料生成的松散层等值线图,12326 工作面处的新生界厚度在 445～453 m 之间,平均为 448 m,整体呈东厚西薄的趋势。

经解算,顾北矿区北一采区 12326 工作面概率积分模型预计参数见表 4-9,岩土体分层预测组合模型预计参数见表 4-10。

表 4-9   12326 工作面概率积分模型预计参数

参数名	参数值	参数名	参数值
下沉系数 q	1.01	水平移动系数 b	0.38
影响传播角 θ	88°	主要影响角正切值 $\tan\beta$	1.85
拐点偏移距:$S_左/S_右/S_上/S_下 = -18.6/29.6/-32.2/-5.2$ m			

表 4-10   12326 工作面岩土体分层预测组合模型预计参数

参数名	参数值	参数名	参数值
修正后的下沉系数 q_{cm}	1.09	比例系数 k	0.28
走向拐点主要影响角正切值 $\tan\beta_走^1$	2.24	走向边界主要影响角正切值 $\tan\beta_走^2$	0.53
倾向拐点主要影响角正切值 $\tan\beta_倾^1$	2.14	倾向边界主要影响角正切值 $\tan\beta_倾^2$	1.23
拐点偏移距:$S_左/S_右/S_上/S_下 = -18.6/29.6/-32.2/-5.2$ m			

分别采用 12326 工作面解算的概率积分预计参数和岩土体分层预测组合型预计参数对走向观测线和倾向观测线进行拟合计算。在所有监测点中,剔除实测下沉边界以外的监测点和异常监测点(如点位破坏)后,12326 工作面共选取有效监测点 54 个,其中,下沉边界监测点共 35 个。走向线有效监测点共 31 个,其中,下沉边界监测点共 18 个;倾向线有效监测点共 23 个,其中,下沉边界监测点共 17 个。经计算,拟合精度情况见表 4-11。

表 4-11　12326 工作面概率积分模型与岩土体分层预测组合模型预计精度对比

方法	走向中间相对误差/%	走向边缘相对误差/%	走向总体相对误差/%	倾向中间相对误差/%	倾向边缘相对误差/%	倾向总体相对误差/%	拟合中误差/mm	相对误差中误差/%
概率积分模型	13.7	64.5	43.2	3.0	70.8	53.1	115.3	60.9
岩土体分层预测组合模型	5.9	12.1	9.5	3.2	10.0	8.2	56.6	12.3

　　顾北矿区北一采区 12326 工作面走向和倾向的岩土体分层预测组合模型预计结果、概率积分模型预计结果与实测结果的对比情况示意图如图 4-24～图 4-27 所示。

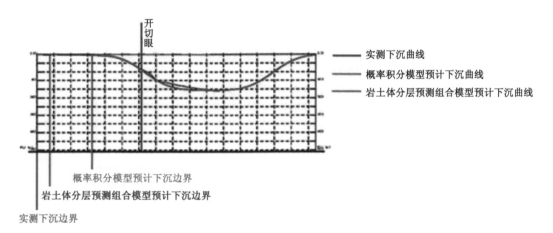

图 4-24　12326 工作面走向预测下沉值与实测下沉值对比图

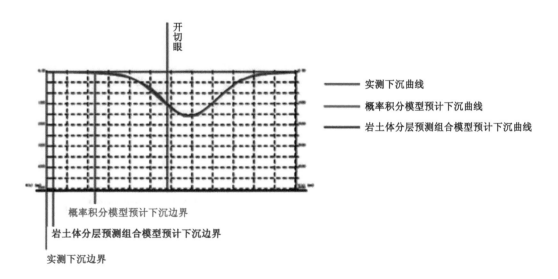

图 4-25　12326 工作面倾向预测下沉值与实测下沉值对比图

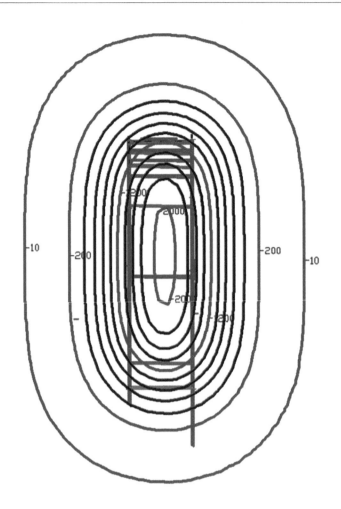

图 4-26 12326 工作面概率积分模型预测下沉等值线图

由图 4-24~图 4-27 可知,走向实测下沉边界与实测拐点间的距离为 655.4 m,概率积分模型预计边界与实测拐点间的距离为 367.4 m(与实测值相差-288 m,相对误差为 43.9%),岩土体分层预测组合模型预计边界与实测拐点间的距离为 565.4 m(与实测值相差-90 m,相对误差为 13.7%);倾向实测下沉边界与实测拐点间的距离为 568.5 m,概率积分模型预计边界与实测拐点间的距离为 290.2 m(与实测值相差-278.3 m,相对误差为 49.0%),岩土体分层预测组合模型预计边界与实测拐点间的距离为 505.8 m(与实测值相差-62.7 m,相对误差为 11.0%)。

② 1613(1)工作面

1613(1)工作面是顾桥矿区南三采区首采工作面,工作面实际回采长度为 1 528 m,宽为 251 m,平均回采速度为 5.56 m/d。采用以锚网索支护为主、U 形棚支护为辅的联合支护方式,后退式开采方式,综采一次采全高采煤方法,采用全部垮落法管理顶板。1613(1)工作面煤层厚度为 1.0~4.2 m,平均为 2.8 m,平均采高为 2.9 m;倾角为 0~6°,平均倾角为 3°,为近水平煤层。回采工作面 11-2 煤层埋深为 618~723 m,平均为 668 m;新生界松散层厚度为 420 m。

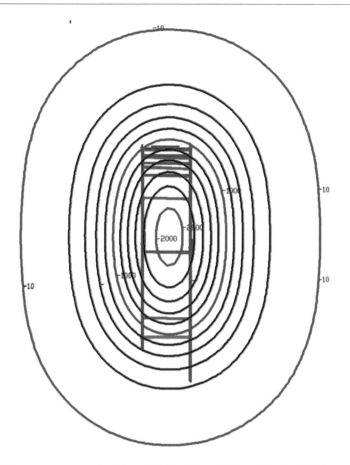

图 4-27　12326 工作面岩土体分层预测组合模型预测下沉等值线图

经解算,顾桥矿区 1613(1)工作面概率积分模型预计参数见表 4-12,岩土体分层预测组合模型预计参数见表 4-13。

表 4-12　1613(1)工作面概率积分模型预计参数

参数名	参数值	参数名	参数值
下沉系数 q	1.00	水平移动系数 b	0.32
影响传播角 θ	86°	主要影响角正切值 $\tan\beta$	1.70
拐点偏移距:$S_{左}/S_{右}/S_{上}/S_{下}=-16/38/44/-24$ m			

表 4-13　1613(1)工作面岩土体分层预测组合模型预计参数

参数名	参数值	参数名	参数值
修正后的下沉系数 q_{cm}	1.07	比例系数 k	0.17
走向拐点主要影响角正切值 $\tan\beta^1_{走}$	2.02	走向边界主要影响角正切值 $\tan\beta^2_{走}$	0.42
倾向拐点主要影响角正切值 $\tan\beta^1_{倾}$	2.06	倾向边界主要影响角正切值 $\tan\beta^1_{倾}$	1.02
拐点偏移距:$S_{左}/S_{右}/S_{上}/S_{下}=-16/38/44/-24$ m			

分别采用 1613(1)工作面解算的概率积分预计参数和岩土体分层预测组合模型预计参数对走向观测线和倾向观测线进行拟合计算。在所有观测站中,剔除边界以外的观测站与质量较差的观测站后,1613(1)工作面共选取有效观测站 60 个,其中,边界观测站共 35 个。走向有效观测站共 31 个,其中,边界观测站共 14 个;倾向有效观测站共 29 个,其中,边界观测站共 21 个。经计算,拟合精度情况见表 4-14。

表 4-14 1613(1)工作面概率积分模型与岩土体分层预测组合模型预计精度对比

方法	走向中间相对误差/%	走向边缘相对误差/%	走向总体相对误差/%	倾向中间相对误差/%	倾向边缘相对误差/%	倾向总体相对误差/%	拟合中误差/mm	相对误差中误差/%
概率积分模型	3.5	50.2	24.6	6.8	57.4	36.5	63.8	46.6
岩土体分层预测组合模型	3.9	9.1	6.3	5.9	11.1	9.7	56.3	10.4

顾桥矿区 1613(1)工作面走向和倾向的岩土体分层预测组合模型预计结果、概率积分法预计结果与实测结果的对比情况示意图如图 4-28~图 4-31 所示。由图 4-18~图 4-31 可知,走向实测下沉边界与实测拐点间的距离为 592.0 m,概率积分法预计边界与实测拐点间的距离为 381.7 m(与实测值相差－210.3 m,相对误差为 35.5%);岩土体分层预测组合模型预计边界与实测拐点间的距离为 771.6 m(与实测值相差＋179.6 m,相对误差为30.3%);倾向实测下沉边界与实测拐点间的距离为 598.0 m,概率积分模型预计边界与实测拐点间的距离为 308.9 m(与实测值相差－289.1 m,相对误差为 48.3%),岩土体分层预测组合模型预计边界与实测拐点间的距离为 831.7 m(与实测值相差＋233.7 m,相对误差为 39.1%)。

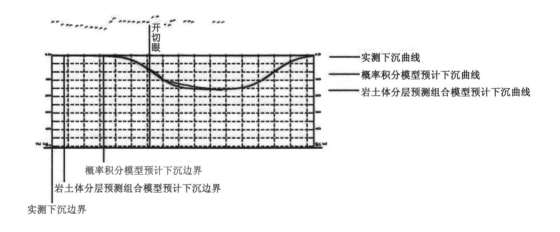

图 4-28 1613(1)工作面走向预测下沉值与实际下沉值对比图

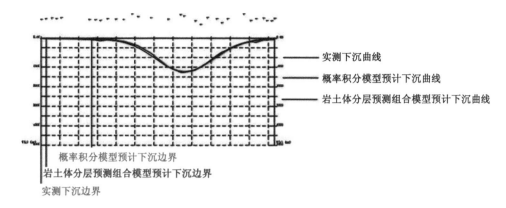

图 4-29　1613(1)工作面倾向预测下沉值与实际下沉值对比图

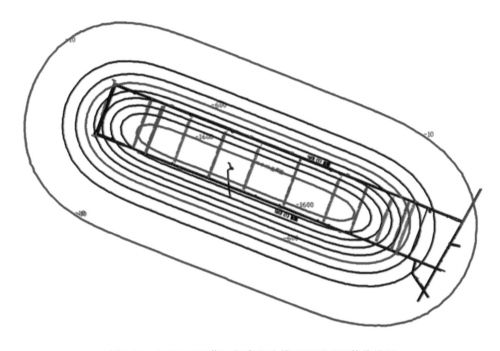

图 4-30　1613(1)工作面概率积分模型预测下沉等值线图

③ 1414(1)工作面

顾桥矿区南二采区 1414(1)工作面实际回采长度为 2 120 m,宽为 251 m,平均回采速度为 6.18 m/d。煤层厚度为 0.9~5.5 m,平均为 2.7 m,平均采高为 3.0 m;煤层倾角为 3°~7°,平均倾角为 5°,为近水平煤层。根据井上、下对照图,1414(1)工作面煤层埋深为 678~779 m,平均为 735 m;煤层底板高程为 −656.8~−772.1 m。1414(1)工作面回采范围内上覆新生界松散层的厚度(即基岩面埋深)在 380~438 m 之间,平均为 411 m,整体呈西厚东薄的趋势。

经解算,顾桥矿区 1414(1)工作面概率积分模型预计参数见表 4-15,岩土体分层预测组合模型预计参数见表 4-16。

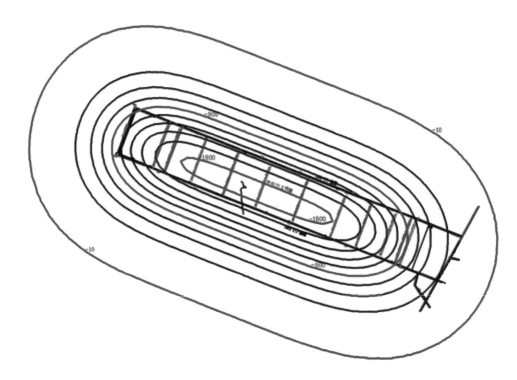

图 4-31　1613(1)工作面岩土体分层预测组合模型预测下沉等值线图

表 4-15　1414(1)工作面概率积分模型预计参数

参数名	参数值	参数名	参数值
下沉系数 q	0.94	水平移动系数 b	0.30
影响传播角 θ	88°	主要影响角正切值 $\tan\beta$	2.16

拐点偏移距:$S_左/S_右/S_上/S_下=66/45/-6/-21$ m

表 4-16　1414(1)工作面岩土体分层预测组合模型预计参数

参数名	参数值	参数名	参数值
修正后的下沉系数 q_{cm}	0.94	比例系数 k	0.2
走向拐点主要影响角正切值 $\tan\beta_走^1$	2.32	走向边界主要影响角正切值 $\tan\beta_走^2$	0.61
倾向拐点主要影响角正切值 $\tan\beta_倾^1$	2.56	倾向边界主要影响角正切值 $\tan\beta_倾^2$	1.46

拐点偏移距:$S_左/S_右/S_上/S_下=66/45/-6/-21$ m

　　分别采用1414(1)工作面解算的概率积分预计参数和岩土体分层预测组合模型预计参数对走向观测线和倾向观测线进行拟合计算。在所有观测站中,剔除边界以外的观测站与质量较差的观测站后,1414(1)工作面共选取有效观测站69个,其中,边界观测站共49个。走向有效观测站共42个,其中,边界观测站共28个;倾向有效观测站共27个,其中,边界观测站共21个。经计算,拟合精度情况见表4-17。

表 4-17 1414(1)工作面概率积分模型与岩土体分层预测组合模型预计精度对比

方法	走向中间相对误差/%	走向边缘相对误差/%	走向总体相对误差/%	倾向中间相对误差/%	倾向边缘相对误差/%	倾向总体相对误差/%	拟合中误差/mm	相对误差中误差/%
概率积分模型	20.2	71.4	54.8	21.8	84.7	71.2	187.4	70.1
岩土体分层预测组合模型	11.0	11.9	11.6	10.3	12.2	11.8	102.8	13.9

顾桥矿区 1414(1)工作面走向和倾向的岩土体分层预测组合模型预计结果、概率积分模型预计结果与实测结果的对比情况示意图如图 4-32～图 4-35 所示。由图 4-32～图 4-35 可知，走向实测下沉边界与实测拐点间的距离为 959.9 m,概率积分模型预计边界与实测拐点间的距离为 424.6 m(与实测值相差－535.3 m,相对误差为 55.8%),岩土体分层预测组合模型预计边界与实测拐点间的距离为 1 009.4 m(与实测值相差＋49.5 m,相对误差为 5.2%);倾向实测下沉边界与实测拐点间的距离为 813.2 m,概率积分模型预计边界与实测拐点间的距离为 339.7 m(与实测值相差－473.5 m,相对误差为 58.2%),岩土体分层预测组合模型预计边界与实测拐点间的距离为 850.3 m(与实测值相差＋37.1 m,相对误差为 4.6%)。

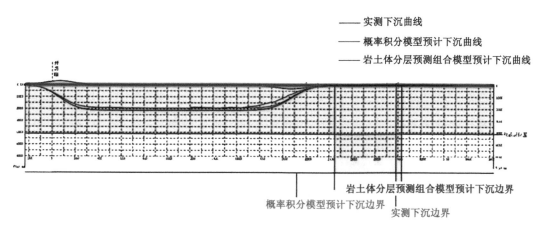

图 4-32 1414(1)工作面走向预测下沉值与实际下沉值对比图

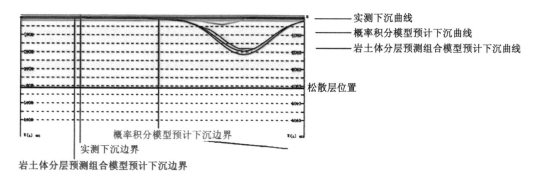

图 4-33 1414(1)工作面倾向预测下沉值与实际下沉值对比图

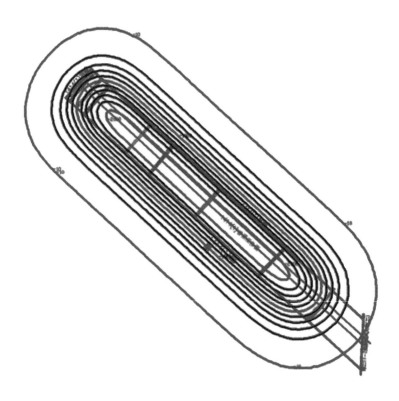

图 4-34 1414(1)工作面概率积分模型预测下沉等值线图

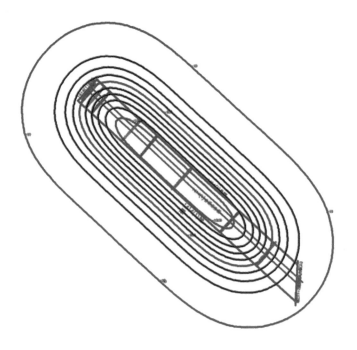

图 4-35 1414(1)工作面岩土体分层预测组合模型预测下沉等值线图

（2）工作面参数模型构建

从顾北矿区 12326 工作面、顾桥矿区 1613(1)工作面、顾桥矿区 1414(1)工作面、谢桥矿区 2111(3)工作面、潘一东区 1252(1)工作面、朱集矿区 1111(1)工作面、朱集矿区 1222(1)工作面 7 个工作面的概率积分模型和岩土体分层预测组合模型的预计结果来看：

① 在下沉盆地的中间部分，与实测数据相比，采用概率积分模型进行拟合时，走向中间部分的拟合相对误差变化范围为 3.5%～20.2%，平均相对误差为 14.6%；倾向中间部分的拟合相对误差变化范围为 3%～33.2%，平均相对误差为 13.0%。采用岩土体分层预测组合模型进行拟合时，走向中间部分的拟合相对误差变化范围为 3.9%～17%，平均相对误差为 11.9%；倾向中间部分的拟合相对误差变化范围为 2.4%～14.9%，平均相对误差为 7.2%。

② 在下沉盆地的边缘（拐点到下沉边界点）部分，与实测数据相比，采用概率积分模型进行拟合时，走向边缘部分的拟合相对误差变化范围为 50.2%～75.9%，平均相对误差为 65.2%；倾向边缘部分的拟合相对误差变化范围为 57.4%～95.5%，平均相对误差为 76.2%。采用岩土体分层预测组合模型进行拟合时，走向边缘部分的相对误差变化范围为 7.0%～12.3%，平均相对误差为 10.9%；倾向边缘部分的拟合相对误差变化范围为 9.3%～12.3%，平均相对误差为 10.8%。

③ 概率积分模型在下沉盆地中间部分的拟合精度较好，而在边缘部分由于收敛过快拟合精度较差，主断面拟合相对误差均在 50% 以上。与概率积分模型相比，岩土体分层预测组合模型在保证下沉盆地中间部分拟合精度不降低的前提下，走向边缘拟合相对误差平均值从 65.2% 降低到 10.9%，倾向边缘拟合相对误差平均值从 76.2% 降低到 10.8%，边缘部分拟合精度的优化效果十分明显。

上述 7 个工作面的概率积分模型与岩土体分层预测组合模型的拟合精度汇总情况见表 4-18。

表 4-18　概率积分模型与岩土体分层预测组合模型的拟合精度对比情况

工作面	方法	走向相对误差/%			倾向相对误差/%			拟合中误差/mm	相对误差中误差/%
		中间	边缘	整体	中间	边缘	整体		
12326	概率积分模型	13.7	64.5	43.2	3.0	70.8	53.1	115.3	60.9
	岩土体分层预测组合模型	5.9	12.1	9.5	3.2	10.0	8.2	56.6	12.3
1613(1)	概率积分模型	3.5	50.2	24.6	6.8	57.4	36.5	63.8	46.6
	岩土体分层预测组合模型	3.9	9.1	6.3	5.9	11.1	9.7	56.3	10.4
1414(1)	概率积分模型	20.2	71.4	54.8	21.8	84.7	71.2	187.4	70.1
	岩土体分层预测组合模型	11.0	11.9	11.6	10.3	12.2	11.8	102.8	13.9
1252(1)	概率积分模型	17.6	75.9	43.0	6.5	79.7	73.5	117.0	69.3
	岩土体分层预测组合模型	16.7	7.0	12.5	10.4	10.2	10.3	87.4	16.1
1111(1)	概率积分模型	14.7	55.2	35.0	33.2	95.5	78.9	51.5	66.7
	岩土体分层预测组合模型	12.6	11.9	12.3	2.4	9.3	7.5	25.8	13.2

表 4-18(续)

工作面	方法	走向相对误差/%			倾向相对误差/%			拟合中误差/mm	相对误差中误差/%
		中间	边缘	整体	中间	边缘	整体		
1222(1)	概率积分模型	17.0	73.9	53.0	14.3	75.6	57.7	55.8	67.1
	岩土体分层预测组合模型	17.0	12.3	14.0	14.9	12.3	13.0	47.0	15.6
2111(3)	概率积分模型	15.3	65.2	44.6	5.5	69.5	56.7	159.2	61.6
	岩土体分层预测组合模型	16.5	12.2	13.9	3.6	10.4	9.1	141.4	15.5

由以上分析可以看出,与概率积分模型相比,岩土体分层预测组合模型在下沉盆地边缘部分的拟合精度优化效果显著。由于岩土体分层预测组合模型的参数与概率积分模型相比有所不同,因此,需要确定岩土体分层预测组合模型中新增预计参数与原始参数之间的数学关系,以便将其应用于实际工程。选取的工作面岩土体分层预测组合模型参数汇总情况见表 4-19,概率积分模型参数与相关地质因素见表 4-20。

表 4-19 岩土体分层预测组合模型参数汇总情况

工作面	q_{cm}	$\tan\beta^1_{走向}$	$\tan\beta^2_{走向}$	$\tan\beta^1_{倾向}$	$\tan\beta^2_{倾向}$	k
12326	1.09	2.24	0.53	2.14	1.23	0.28
1613(1)	1.07	2.02	0.42	2.06	1.02	0.17
1414(1)	0.94	2.32	0.61	2.56	1.46	0.2
1252(1)	0.78	2.57	0.89	2.66	1.36	0.47
1111(1)	0.53	2.01	0.60	2.36	0.92	0.49
1222(1)	1.12	3.00	1.00	3.80	1.90	0.64
2111(3)	1.11	2.64	0.74	2.94	1.74	0.17

表 4-20 概率积分模型参数与相关地质因素

工作面	q_0（原始的下沉系数）	$\tan\beta_0$（主要影响角正切值）	H_s/H（松散层厚度与采深之比）	H_s/h_d（松散层厚度与基岩厚度之比）	n_y（倾向开采程度系数）
12326	1.01	1.85	0.8	4.09	0.26
1613(1)	1.00	1.7	0.64	1.77	0.27
1414(1)	0.94	2.16	0.56	1.25	0.24
1252(1)	0.53	1.8	0.21	0.26	0.18
1111(1)	0.22	1.7	0.31	0.44	0.36
1222(1)	0.77	2.8	0.34	0.51	0.17
2111(3)	1.05	2.32	0.47	0.88	0.23

通过数据分析与灰色关联分析方法的检验,选取关联系数大于 0.7 的地质采矿因素作为主要影响指标(如松散层厚度、基岩厚度和倾斜方向开采程度系数),然后通过多元线性回归方法,建立主要影响指标与新参数之间的线性模型,得出以下关系式:

$$\begin{cases} q_{cm} = 0.433 + 0.657q_0 \\ \tan\beta^1_{走向} = 2.287 + 0.364\tan\beta_0 - \dfrac{0.303H_s}{H} - 1.944n_y \\ \tan\beta^2_{走向} = 0.430 + 0.244\tan\beta_0 - \dfrac{0.281H_s}{H} - 0.505n_y \\ \tan\beta^1_{倾向} = 1.071 + 1.084\tan\beta_0 - \dfrac{0.699H_s}{H} - 0.755n_y \\ \tan\beta^2_{倾向} = 0.067 + 0.832\tan\beta_0 - \dfrac{0.279H_s}{H} - 0.265n_y \\ k = \begin{cases} 0.136 + \dfrac{0.034H_s}{H}, & \dfrac{H_s}{H} \geqslant 0.8 \\ 0.499 + \dfrac{0.086H_s}{H}, & \dfrac{H_s}{H} \leqslant 0.8 \end{cases} \end{cases}$$

利用上述 7 个工作面的数据,通过多元线性回归模型建立了 6 个参数与主要地质采矿因素之间的数字关系,并计算了其模型的拟合误差和相对误差。其中,修正下沉系数 q_{cm} 的模型拟合误差为 0.08,相对误差为 1.2%;走向主要影响角正切值 $\tan\beta^1_{走}$ 的模型拟合误差为 0.11,相对误差为 1.1%;倾向主要影响角正切值 $\tan\beta^1_{倾}$ 的模型拟合误差为 0.09,相对误差为 1.1%;走向主要影响角正切值 $\tan\beta^2_{走}$ 的模型拟合误差为 0.17,相对误差为 5.6%;倾向主要影响角正切值 $\tan\beta^2_{倾}$ 的模型拟合误差为 0.23,相对误差为 16.0%;谢桥矿区参数 k 的模型拟合误差为 0.02,相对误差为 9.3%,潘集矿区参数 k 的模型拟合误差为 0.003,相对误差为 0.4%。

(3)淮南矿区试验验证

为了验证上述模型的适用性,选取顾北矿区 1312(1)工作面作为验证工作面。该工作面实际回采长度为 620 m,宽为 205 m,煤层厚度为 2.73~5.57 m,平均采高为 3.3 m,倾角为 3°~7°,平均倾角为 5°,为近水平煤层。根据井上、下对照图,1312(1)工作面煤层埋深为 493~540 m,平均为 528 m。该工作面回采范围内上覆新生界松散层厚度较厚,总体呈北厚南薄、西厚东薄的趋势,厚度在 417.9~448.9 m 之间,平均为 440 m。1312(1)工作面布设有半条倾向观测线和一条走向观测线。将倾向观测线主体布置在离开切眼约 310 m、距停采线约 305 m 的方向上,走向观测线主体布置在下山方向偏离工作面中心线的距离 D_0 为 37 m 的方向上。1312(1)工作面实测观测站略图见图 4-36。

结合 1312(1)工作面的地质条件参数进行计算,1312(1)工作面概率积分模型预计参数如表 4-21 所示,1312(1)工作面岩土体分层预测组合模型预计参数如表 4-22 所示。

表 4-21 1312(1)工作面概率积分模型预计参数

参数名	参数值	参数名	参数值
下沉系数 q	0.77	水平移动系数 b	0.39
影响传播角 θ	89°	主要影响角正切值 $\tan\beta$	2.8

拐点偏移距:$S_左/S_右/S_上/S_下 = -12.1/-12.1/-12.1/-12.1$ m

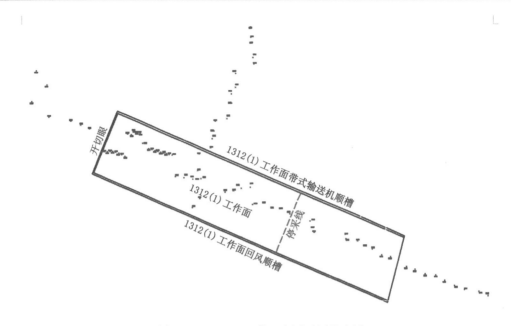

图 4-36 1312(1)工作面实测观测站略图

表 4-22 1312(1)工作面岩土体分层预测组合模型预计参数

参数名	参数值	参数名	参数值
修正后的下沉系数 q_{cm}	1.12	比例系数 k	0.64
走向拐点主要影响角正切值 $\tan\beta^1_走$	3.0	走向边界主要影响角正切值 $\tan\beta^2_走$	1.0
倾向拐点主要影响角正切值 $\tan\beta^1_倾$	3.8	倾向边界主要影响角正切值 $\tan\beta^2_倾$	1.9
拐点偏移距:$S_左/S_右/S_上/S_卡 = -12.1/-12.1/-12.1/-12.1$ m			

分别利用概率积分模型和岩土体分层预测组合模型对 1312(1)工作面进行拟合计算,1312(1)工作面预计移动变形结果与实测结果的对比情况如图 4-37 和图 4-38 所示。

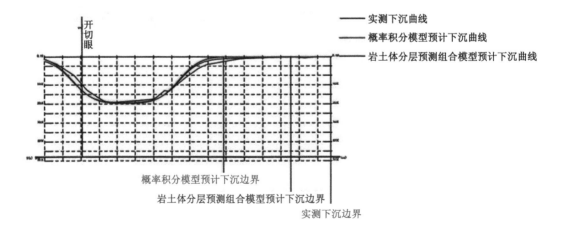

图 4-37 1312(1)工作面走向主断面预计下沉曲线与实测下沉曲线对比图

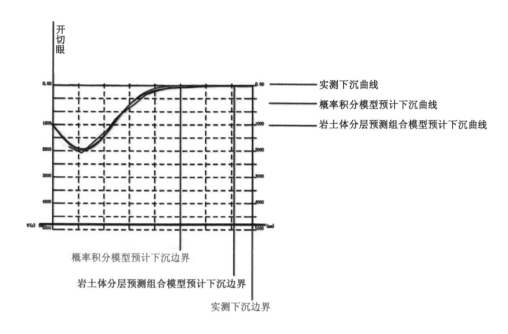

图 4-38 1312(1)工作面倾向主断面预计下沉曲线与实测下沉曲线对比图

由图 4-37 和图 4-38 可知,走向实测下沉边界与实测拐点间的距离为 570 m,概率积分模型预计边界与实测拐点间的距离为 263 m(与实测值相差−307 m,相对误差为 53.86%),岩土体分层预测组合模型预计边界与实测拐点间的距离为 668 m(与实测值相差+98 m,相对误差为 17.19%);倾向实测下沉边界与实测拐点间的距离为 537 m,概率积分模型预计边界与实测拐点间的距离为 245 m(与实测值相差−292 m,相对误差为 54.38%),岩土体分层预测组合模型预计边界与实测拐点间的距离为 475 m(与实测值相差−62 m,相对误差为 11.55%)。

采用概率积分模型和岩土体分层预测组合模型分别对顾北矿区 1312(1)工作面的有效观测点进行预测,误差对比情况见表 4-23,1312(1)工作面下沉等值线预测结果示意图如图 4-39、图 4-40 所示。

表 4-23 1312(1)工作面点预测误差对比情况

方法	走向中间相对误差/%	走向边缘相对误差/%	走向整体相对误差/%	倾向中间相对误差/%	倾向边缘相对误差/%	倾向总体相对误差/%	拟合中误差/mm	相对误差中误差/%
概率积分模型	15.1	64.9	27.7	15.2	66.5	58.0	150.8	54.8
岩土体分层预测组合模型	15.3	21.5	17.7	15.7	21.6	20.5	110.0	22.7

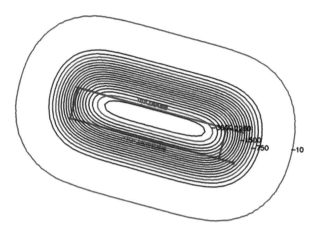

图 4-39   1312(1)工作面概率积分模型预测下沉等值线图

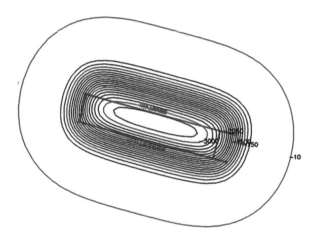

图 4-40   1312(1)工作面岩土体分层预测组合模型预测下沉等值线图

5 集成监测技术与多源异构数据融合理论

本章拟利用 Sentinel-1 A/B、ALOS-2、Radarsat-2 等多源遥感平台,并结合 PS-InSAR (永久散射体合成孔径雷达干涉测量)、SBAS-InSAR(小基线集合成孔径雷达干涉测量)、 D-InSAR 等 InSAR 技术,实现高精度的地表变形监测,保障矿山及其周边环境的安全。本 章研究的内容有:研究融合 Lidar 与 InSAR 技术的高效数据融合模型,以提升监测结果的 准确性和响应速度,为矿山规划与灾害预防提供关键信息;研究 D-InSAR 技术在矿区监测 的适用性,并运用结合机器学习算法和逆地理编码的新方法修复 SAR 数据中的空洞场问 题,构建的 InSAR-PEK 模型,可独立利用 SAR 数据提高对大梯度变形监测的精度;通过融 合 UAV 和 D-InSAR 技术,实现矿区变形的全方位时空动态监测分析,以揭示地下开采活 动与地表影响范围之间的内在联系。这些研究成果将显著提高矿山监测的精度和效率,对 于保障矿山的安全生产和环境保护具有重要的意义。

5.1 研究目标

(1) 实现高精度地表变形监测

本章致力于利用 Sentinel-1 A/B、ALOS-2、Radarsat-2 等先进的多源遥感平台,结合 PS-InSAR、SBAS-InSAR、D-InSAR 等 InSAR 技术,实现对矿山沉降和地表变形的高精度 监测。这种集成方法能够提高对小范围沉降的敏感性,同时可以提高对宽区域变化的监 测覆盖率,达到毫米至厘米级的监测精度,从而能够保障矿山安全和周边环境的稳定。

(2) 构建综合数据融合与分析模型

为更好地应对矿山复杂的地质条件和多变的环境影响,本章旨在开发一种高效的数 据融合模型。该模型结合 Lidar 的高精度表面测绘能力与 InSAR 技术的变形监测能力, 通过算法优化来整合 GNSS 实时数据,以提升整体监测结果的准确性和响应速度。该模 型不仅能够有效分析矿山沉陷的趋势和范围,而且还能为矿山规划和灾害预防提供关键 信息。

(3) 优化监测数据处理流程

针对多源异构数据的特点,本章将建立和优化一套完善的数据处理流程,包括数据收 集、预处理、存储、整合和分析等多个环节,以实现数据处理的自动化和智能化。建立标准化 的操作流程,可以加快数据处理的速度,提高分析数据的可用性,从而能够支持矿山沉陷的 实时监测和快速决策,为政府和矿山企业提供准确及时的数据服务。

5.2　技术路线

本章构建了一个融合多维数据的空天地监测系统,旨在提供一个综合的解决方案,用以精确监控和预警矿区内可能发生的大梯度地表变形。InSAR 技术能够在广阔的空间范围内捕获地表变形的微小变化;无人机摄影测量技术为这一监测系统提供了垂直与水平维度的高分辨率影像数据,使得地表的形态变化能被更为立体和直观地展现;地面测量技术,如 GNSS 定位技术和传统水准测量方法,作为验证和补充这些遥感数据的关键工具,为监测系统提供了地面真实情况下的信息。在地表变形监测中,这些技术的融合使数据不再局限于二维平面,而是扩展到了三维空间,极大增强了监测数据的全面性和准确性。多源数据的集成处理不仅提高了地表监测的空间解析能力,也为后续的变形分析和预警提供了一个更全面、更可靠的数据基础。通过多源数据融合,可以详细描绘矿区内部的动态变化图景,为变形分析和预警打下坚实的基础。本章深入分析了每种技术的优势和与局限,旨在构建一个互补和增强的监测网络。InSAR 技术在云层覆盖或其他视线遮挡条件下仍能进行监测;无人机摄影测量技术提供了更为灵活的数据采集方式,可以在必须时进行加密监测;地面测量技术则可以在关键时刻提供精确的地表变形数据,验证遥感技术结果的准确性。

在本章的数据处理和模型应用部分,我们采用了多种高级数据处理方法,这些方法结合了逆地理编码(RGC)和多种神经网络模型,如长短期记忆网络(LSTM)、非线性自回归神经网络(NARNN)和误差反向传播网络(BP)等,旨在解决 InSAR 数据处理中常见的空洞场问题。空洞场问题是指地面反射性质变化、植被覆盖变动或其他干扰因素导致的信号相干性丧失,使得某些区域的变形数据无法被准确获取的问题,这对于任何希望从 InSAR 数据中提取精确的地表变形信息的工作来说,都是一大障碍。因此,这些先进的神经网络模型被训练并应用于识别和解决这些问题,以恢复出完整的、高质量的变形信号。通过 RGC-NARNN 和 RGC-BP 模型,我们能够提高 InSAR 干涉图中变形信号的恢复质量,且通过 RGC-LSTM 模型可进一步提升时间序列分析的性能。这些模型的应用不仅显著提高了数据的准确性,还增加了对矿区监测系统的信任度。此外,处理过程产生的数据可通过 InSAR-PEK 模型进行融合来提取大梯度变形值。

在成果输出和应用环节,本章实现了数据的高效转换和多维应用,使得从多个源头收集的复杂数据能够转化为直观且操作性强的信息和工具。通过建立实时监控和预警系统,研究成果可用于制订应急响应计划,提高矿区的安全管理水平。例如,在监测到潜在的滑坡或塌陷风险时,这些信息可以帮助相关部门迅速采取措施(如疏散人员或调整开采计划),以避免或减少损失。研究成果还可为环境监管部门提供科学的依据,帮助评估矿业活动对周围环境的影响,并指导后续土地的恢复和治理工作。在决策支持方面,研究成果提供了一套全面的数据分析框架,决策者可以利用这些工具进行风险评估和资源管理。例如,在规划新的开采区域时,可以预先利用本章提供的工具来评估可能的地表变形风险,从而避免选择那些地质条件不稳定的区域。此外,这些工具也能够帮助环境监管部门更好地理解矿业活动对地表环境的长期影响,制定出更加科学合理的开采标准和生态修复方案。本章的技术路线见图 5-1。

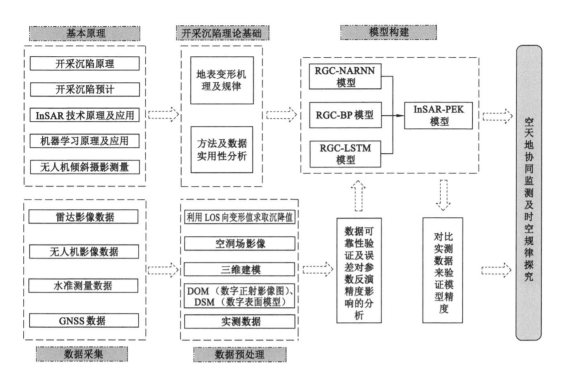

图 5-1　集成监测与多源异构数据融合技术路线

5.3　关键技术

5.3.1　多源遥感数据集成技术

　　整合 InSAR/SAR、光电 Lidar、GNSS 和无人机等多源遥感技术,以获取宽范围、高分辨率及高精度的地表变形数据,满足对矿山沉陷全面监测的需求。

　　InSAR/SAR 技术:InSAR 技术和 SAR 技术是遥感监测中的重要工具。它们通过发射和接收雷达波,测量地表反射信号的变化来监测地表变形。在本章中,通过集成多个卫星平台的 InSAR/SAR 数据,可以获得持续的地表变形监测。这些数据不仅可以提供变形的速率和总体趋势,还可以揭示地表移动的方向和模式。

　　光电 Lidar 技术:光电 Lidar 是一种基于激光的测量技术,能够生成地表的精确三维模型。在本章中,Lidar 技术用于捕捉高分辨率的地形细节,这对于理解沉陷的微观过程至关重要。将 Lidar 数据集成到监测系统,可为分析地表变化提供必要的高精度地形信息。

　　GNSS 技术:GNSS 提供了地面位移监测的另一种手段,能够在全球范围内提供精确的位置信息。通过集成 GNSS 技术,能够对矿山沉陷区域特定点位的位移进行实时跟踪,监测和评估这些区域的稳定性。

　　无人机技术:无人机技术以其灵活性和高分辨率图像捕捉能力,在本章中发挥着不可或缺的作用。无人机可以在人员难以达到的区域进行低空飞行,获取地表的详细视图。将无人机数据集成到监测系统,可以极大地提高对沉陷区域特征的识别能力。

将这些技术集成在一起,本章开发了一套多源数据集成处理流程。首先,所有数据需要进行标准化和同步,以保证数据集成的一致性和准确性。然后,使用先进的融合算法,将这些多尺度、多类型的数据合并,形成一个全面的数据集。这样,从各种不同角度获得的数据可以互补,相互验证,增强监测结果的可信度。

多源遥感数据集成技术的实施需要克服多种挑战。首先,不同的数据源具有不同的分辨率、覆盖范围和收集频率,这要求采取有效的算法来匹配和融合这些数据。其次,每种技术都有自己的局限性和误差来源,这需要通过精确的误差模型来进行校正。此外,随着数据量的增加,数据处理和存储的要求也随之增高,这就需要强大的计算资源和高效的数据管理系统。

数据融合的核心目标是整合来自不同源(如 InSAR/SAR、光电 Lidar、GNSS 和无人机)的数据,可以用式(5-1)来表示这一过程:

$$Y = F(W_1 * D_1 + W_2 * D_2 + \cdots + W_N * D_N + E) \qquad (5\text{-}1)$$

式中,Y 为最终融合后的数据结果;F 为融合算法,用于整合各数据源;W_i 为第 i 个数据源的权重,用于调整该数据源在融合结果中的贡献度;D_i 为第 i 个数据源的原始数据;E 为融合过程中引入的误差校正项,用于补偿各数据源的系统误差和随机误差。

为了使每个数据源的贡献及其精确度的影响具体化,考虑数据源的权重和误差,对于每个数据可以有:

$$W_i * D_i + E_i \qquad (5\text{-}2)$$

在实际应用中,W_i 和 E_i 的确定需要基于每个数据源的特性、可靠性、覆盖范围以及与监测目标的相关性进行详细分析和试验验证。

5.3.2　高级数据预处理与同步技术

开发高效算法对收集的原始数据进行准确的去噪、同步和几何校正操作,以确保不同来源和类型数据的质量,为后续的数据融合与分析提供可靠基础。

在多源遥感数据集成技术为我们提供了丰富的原始监测数据后,采取高级数据预处理与同步技术来确保这些数据能够被准确解释和分析。这一过程包括了一系列复杂的步骤,它们对提升最终数据的质量和分析准确性至关重要,具体内容如下。

去噪:原始遥感数据中常常含有由设备噪声、大气干扰以及其他自然和人为因素引起的误差。高级数据预处理技术首先要去除这些噪声。这一步骤通常涉及多种算法,如空间滤波器和时间滤波器,以去除不相关或干扰性强的信号。

数据校正:为了确保数据的一致性和可比性,需要对数据进行几何校正和辐射校正。几何校正用于纠正数据的空间位置,保证影像能够正确反映地面的地理位置;辐射校正则用于确保影像的亮度能够正确反映地表的反射率和辐射特性。

时间同步与格式统一:多源数据往往以不同的时间间隔收集。为了进行有效的融合和分析,必须确保所有数据在时间上是同步的。时间同步技术涉及将所有数据对齐到统一的时间框架内。此外,不同的遥感设备可能会产生不同格式的数据,所以需要将所有数据转换为一种共同的格式,以便于后续的处理和分析。数据预处理不仅需要大量的计算资源,还需要精确的算法来识别和纠正数据中的误差。

$$G_{\text{denoised}} = G_{\text{DLN}}(G_{\text{raw}};\theta_G) \tag{5-3}$$

式(5-3)描述了原始遥感数据的去噪过程。G_{denoised} 为去噪后的数据集;G_{DLN} 为一个基于深度学习的去噪函数,用于从原始数据 G_{raw} 中去除噪声;θ_G 表示去噪网络的参数,这些参数应根据数据的特性进行优化,以实现最佳的去噪效果。

$$D_{\text{geo}} = H_{RTM}(G_{\text{denoised}};\Phi_H) \tag{5-4}$$

式(5-4)描述了几何校正的过程,旨在调整数据的空间位置,确保影像能够正确地反映地面的地理位置。D_{geo} 为几何校正后的数据集;H_{RTM} 为一个包含特征匹配和非线性变换的几何校正模型,它使用参数 Φ_H 对去噪后的数据 G_{denoised} 进行处理,以实现准确的空间对应效果。

$$D_{\text{rad}} = I_{PM}(D_{\text{geo}};\lambda,A,V) \tag{5-5}$$

式(5-5)描述了辐射校正的过程,旨在确保影像的亮度能够正确反映地表的反射率和辐射特性。D_{rad} 为辐射校正后的数据集;I_{PM} 是一个物理模型,考虑了波长 λ、大气条件 A 和观测角度 V 的影响,对几何校正后的数据 D_{geo} 进行处理,以校正光谱特性。

$$D_{\text{sync}} = I_{TSA}(D_{\text{rad},1},D_{\text{rad},2},\cdots,D_{\text{rad},N};\theta) \tag{5-6}$$

式(5-6)描述了如何将来自不同数据源的经过辐射校正的数据集 $D_{\text{rad},N}$ 在时间上进行同步,并统一格式的过程。D_{sync} 为时间同步和格式统一后的数据集;I_{TSA} 为涉及时间序列分析和多数据源协调的复杂函数,它使用参数 θ 对各数据源进行处理,以确保各数据源在时间上的一致性和数据格式的统一。

5.3.3 弹性数据融合模型

设计一种具有弹性的数据融合模型,该模型能够根据各种监测数据的特性进行自适应调整,从而能够有效地整合多尺度监测数据,提升信息的互补性和分析的准确度。

这种模型在处理不同监测技术生成的数据时,能够适应各类数据的特性,包括它们的量级、分辨率以及更新频率。在弹性数据融合模型的设计中,重点是建立一个框架,该框架能够接收来自 InSAR/SAR、光电 Lidar、GNSS 以及无人机等多种数据源的数据。这些技术各自对应不同的监测尺度和数据特性。例如,InSAR/SAR 数据能够提供广阔区域的连续变形监测信息,Lidar 数据能够提供高精度的地形表面细节,GNSS 数据能够提供精确的点位位移信息,而无人机则能灵活地捕捉到局部地貌特征。构建弹性数据融合模型的目的是综合这些信息,形成一个统一的、高质量的数据集,全面揭示地表变形。

为了达到这一目的,弹性数据融合模型必须能够处理不同类型数据间的潜在不匹配问题。这些不匹配问题可能源于各种原因,如时空分辨率的差异、测量范围的不同,甚至是数据格式的差异。为了解决这些问题,弹性融合模型通常包含一系列算法和流程,它们能够调整不同数据的权重和进行缩放、对齐操作,确保各数据源能够在一个共同的参考框架内互操作。此外,弹性融合模型还需要适应监测环境的变化,这意味着模型应具有自动调整其参数的能力,以适应从微小裂缝到大规模滑坡等不同规模的地表变形。

在实际应用中,弹性数据融合模型对数据处理流程的优化具有深远的影响。这不仅涉及计算技术的应用,还包括高级统计分析和人工智能算法,如机器学习和深度学习算法,这些算法在提高数据融合过程中的数据识别和分类效率方面发挥着关键作用。通过这些技术,模型能够更迅速、更智能地识别关键的地表变化特征,从而提供更为准确和全面的沉陷监测结果。

我们构建了一个包含自适应权重调整和多尺度数据处理的数学框架。这个模型特别关注如何处理由不同监测技术生成的数据特性,包括量级、分辨率以及更新频率的差异。此外,它还能够自动调整,以适应监测环境的变化。

自适应权重调整:

$$W_i = \frac{a_i}{\sum_{j=1}^{N} a_j} \tag{5-7}$$

式中,W_i 为第 i 个数据源的权重;a_i 为基于数据源 i 的质量评估指标,如信噪比、分辨率、更新频率等因素的综合评分;N 为数据源的总数。

数据融合与自适应调整:

$$D_{\text{fused}} = \sum_{i=1}^{N} W_i \cdot A(D_{\text{prep},i}; \theta_{A_i}) \tag{5-8}$$

式中,D_{fused} 为融合后的数据集,整合了来自不同源的预处理数据;A 为自适应调整函数,根据数据特性(如分辨率、量级)调整数据 $D_{\text{prep},i}$;$D_{\text{prep},i}$ 为第 i 个数据源经过初步预处理(如去噪、校正)的数据;θ_{A_i} 为自适应调整参数,可针对第 i 个数据源的特性进行优化。

综合分析与预测:

$$R = M(F(D_{\text{fused}}; \theta_M)) \tag{5-9}$$

式中,R 为最终的分析或预测结果;M 为基于融合数据 D_{fused} 的分析或预测模型,可能包括机器学习或深度学习算法;F 为高级特征提取函数,用于从融合数据中提取关键信息;θ_M 为分析或预测模型的参数。

首先,弹性数据融合模型通过自适应权重调整来考虑每个数据源的特性和贡献,确保高质量数据有更大的影响力。然后,自适应调整函数 A 针对每种数据的特性对数据进行优化处理,如调整分辨率或量级,以实现不同数据源之间的有效整合。最后,模型通过高级特征提取函数和机器学习或深度学习算法,从综合数据中提取有价值的信息,用于精确的分析或预测。

这个模型框架不仅能够适应不同的监测技术和数据特性,还能自动调整以匹配监测环境的变化,从而可提高数据融合的灵活性和准确性。通过引入先进的计算和分析技术,如机器学习或深度学习算法,模型在识别地表变化特征方面的能力得到了进一步增强,为地表变形监测提供了强有力的支持。

5.3.4 三维地表变形分析技术

利用多源数据融合结果,构建地表沉陷的三维模型,为矿山沉陷区域的风险评估、预警和决策支持提供详尽的空间分析和可视化工具。

三维地表变形分析技术的核心在于将弹性数据融合模型处理后的综合数据转化为直观

的三维视图。这一过程涉及复杂的地理信息系统（GIS）技术和三维建模技术，需要精确处理大量的地形和位移数据。利用这些技术，可以生成精细的三维地表模型，这些模型不仅能够显示当前的地形状态，还能模拟未来的地表变形情况。在具体操作中，三维地表变形分析技术需要处理和解决多个技术挑战，其具体内容如下。

数据精度与分辨率的平衡：为了构建准确的三维模型，需要处理来自不同源的数据，这些数据在精度和分辨率上可能存在差异。三维地表变形分析技术需要在保证模型精度的同时，合理利用各种数据，优化模型的整体表现能力。

大数据处理能力：三维建模通常涉及大量数据的处理，这就需要具备强大的计算能力和高效的算法，以支持数据的快速处理和模型的生成。

动态变化的模拟：地表变形是一个动态过程，三维模型需要能够反映这一特性，为用户提供关于变形进程的直观理解。这要求模型不仅能够展现静态的地形状态，还要能模拟和预测变形的时间序列变化。

利用三维地表变形分析技术，能够为决策者提供直观的地表变形情况及其潜在风险区域的可视化表示。这对于矿区管理者在进行灾害预警、规划矿区开发活动、实施环境保护措施等方面都具有重要意义。此外，三维模型是向公众传达和展示地表变形情况的有效工具，有助于提高公众对矿山沉陷风险的认识和理解。

对来自不同源的数据进行预处理，包括去噪、校正等步骤。然后，利用弹性数据融合模型整合各数据源：

$$D_{\text{prep},i} = G(D_{\text{raw},i}; \theta_{G,i}) \tag{5-10}$$

$$D_{\text{fused}} = F\left(\sum_{i=1}^{N} W_i \cdot D_{\text{prep},i}; \theta_F\right) \tag{5-11}$$

式中，$D_{\text{prep},i}$ 为第 i 个数据源经过预处理的数据；$D_{\text{raw},i}$ 为第 i 个数据源的原始数据；G 为预处理函数，包括去噪、校正等步骤；$\theta_{G,i}$ 为预处理函数的参数集；D_{fused} 为融合后的数据集；F 为数据融合函数；W_i 为第 i 个数据源的权重；θ_F 为数据融合函数的参数集。

使用融合后的数据构建三维地表模型，该模型应能够反映地形及地表变形特征，即

$$M_{3D} = H(D_{\text{fused}}; \theta_H) \tag{5-12}$$

式中，M_{3D} 为三维地表模型；H 为三维地表模型的构建函数；θ_H 为构建三维地表模型的参数集。

模拟地表变形的时间序列变化，为预测未来地表变形提供依据，即

$$M_{\text{dynamic}} = T(M_{3D}, t; \theta_T) \tag{5-13}$$

式中，M_{dynamic} 为动态模拟的结果，表示在时间 t 的地表变形状态；T 为动态变化模拟函数；t 为时间变量；θ_T 为动态变化模拟函数的参数集。

具体步骤为：首先，通过数据预处理与融合操作来整合多源数据，确保数据的质量和一致性，为三维地表模型的构建提供基础。然后，利用融合数据构建详尽的三维地表模型，该模型能够精确反映当前的地形及地表变形特征。最后，进行动态变化模拟，该模型不仅能够展现当前的地形状态，还能预测未来地表变形的趋势和模式。

5.4 应用研究

5.4.1 D-InSAR 技术在矿区地表沉降监测中的应用

以淮南顾桥矿区 1613 工作面回采对地表的影响为研究对象,通过获取 SAR 数据视线(LOS)向变形值并进行分解,获得了工作面垂直沉降值,计算了淮南顾桥矿 1613 工作面的超前影响角,并与实测值进行了对比验证。

1613 工作面自 2017 年 3 月 26 日开始作业,并于同年 12 月 25 日完成刷面工作。1613 工作面的实际回采长度为 1 528 m(包括 8 m 的开切眼宽度),宽度为 251 m(包括运输顺槽和轨道顺槽)。整个回采作业历时 275 d,平均回采速度为 5.56 m/d,总计采出煤炭量达 142.8 万 t。该工作面的煤层厚度为 1.0~4.2 m,平均厚度为 2.8 m,平均采高为 2.9 m;煤层倾角为 0°~6°,平均倾角为 3°,属于近水平煤层。煤层的平均埋深为 668 m,从 618~723 m 不等;煤层底板的高程为 −564.1~−712.8 m。上覆的新生界松散层厚度为 420 m,属于巨厚松散层。工作面地表上方地形平坦,高程为 18.0~23.0 m,平均高程为 21.5 m,地表主要由农田、道路和沟渠组成。研究区的地表形态见图 5-2。

图 5-2 研究区的地表形态

收集和预处理 Sentinel-1A 卫星的 SAR 影像数据,并利用 SARscape 软件对数据进行差分干涉处理,以提取地表变形信息;采用线性插值法解决实际回采进度与卫星数据回访时间不同步的问题,并准确确定与卫星观测同步的工作面退尺时间点。基于这些处理步骤,精确计算出超前影响角,并将其与现场水准测量的实际数据进行对比分析。比较结果证实了 SAR 数据在定量监测矿区沉陷中的适用性,还验证了其在边界识别准确性方面的可靠性,从而为矿区沉陷监测提供了一种有效的遥感方法。

分别利用 SAR 数据和实测数据计算超前影响角,结果见表 5-1 和表 5-2。

表 5-1 利用 SAR 数据计算的超前影响角

日期	工作面退尺/m	超前影响距/m	超前影响角/(°)
2017-11-04	1 229.2	375.5	60.66
2017-11-16	1 299.1	393.3	59.51

表 5-1(续)

日期	工作面退尺/m	超前影响距/m	超前影响角/(°)
2017-11-28	1 362.4	410.7	58.42
2017-12-10	1 425.8	424.4	57.57
2017-12-22	1 502.0	465.4	55.14
2018-01-15	1 528.0	407.1	58.64
2018-02-08	1 528.0	465.2	55.15
2018-02-20	1 528.0	511.2	52.58

表 5-2 利用实测数据计算的超前影响角

日期	工作面退尺/m	超前影响距/m	超前影响角/(°)
2017-10-22	1 154	356.8	61.29
2017-11-14	1 289	403.7	58.85
2017-12-09	1 421	410.5	58.43
2017-12-22	1 502	433.5	57.02
2018-01-22	1 528	402.3	58.95
2018-03-11	1 528	473.7	54.66

虽然观测的时间尺度存在不一致性,但对比相近时间点的数据可知,SAR 数据在 2017 年 11 月 16 日和 2017 年 12 月 10 日监测到的超前影响角与 2017 年 11 月 14 日和 2017 年 12 月 9 日实测数据中的超前影响角相近,其绝对误差分别为 0.66°和 0.86°。2017 年 12 月 22 日,二者之间的绝对误差值达到了 1.88°。总体而言,通过 SAR 数据监测得到的超前影响角呈现逐渐减小的趋势,这意味着影响范围在逐渐增大,这一趋势与实测数据得出的结果相同或者接近。研究结果表明,哨兵数据在淮南矿区是适用的,并且其在边界区域的精度是可靠的,满足了开采沉陷监测参数反演的需求。因此,可以认为哨兵数据在监测淮南矿区衰退阶段的沉降方面具有可行性。同时,也验证了误差在 10 cm 及以内的数据源足以满足静态和动态预测参数的反演需求。此外,这也为无人机倾斜摄影测量技术所获取的高程数据的精度验证奠定了基础。

5.4.2 构建解决空洞场问题的新方法

为解决 SAR 数据中环境和地物影响造成的空洞场问题,构建了一种结合逆地理编码和机器学习算法的新方法。该方法通过建立模型,可有效提取观测站开始阶段和衰退阶段的下沉值,从而可以修复 SAR 数据中的空洞场,提升数据的完整性和可用性,其具体过程如下。

逆地理编码:影像数据通常具有三维信息,即 (x, y, z) 坐标。在此坐标中,每个 (x, y) 像素点存储一个 z 值,代表地表的高程信息。在逆地理编码过程中,将二维的影像数据转换为一维数组,对应每个像素点的高程值。在一维数组中,将没有高程值的位置标记为 NaN 值,以便进行后续处理。

　　LSTM 网络的构建与训练:长短期记忆网络是用来处理和预测时间序列数据的一种特殊类型的循环神经网络(RNN)。在此步骤中,将逆地理编码后的一维高程数组作为输入数据,构建 LSTM 网络。针对有 NaN 值的序列,使用前 $n-1$ 个编码值构建训练集,并对 LSTM 网络进行训练。

　　预测与修正:LSTM 网络训练完成后,使用这个模型来预测 NaN 值,即空洞处的高程值。如果存在连续的 NaN 值,则使用前一个预测值来修正 LSTM 模型,以此类推。

　　模型精度验证:为了验证模型预测的准确性,将模型预测的空洞值与实际的测量值进行比较,并计算模型的均方根误差。通过比较不同模型的均方根误差,评估不同机器学习模型(如 LSTM、NARNN、BP 神经网络模型)在修复空洞场方面的效果和准确性。结合逆地理编码和机器学习算法构建的新方法修复的差分干涉影像如图 5-3 所示。

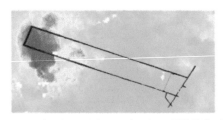

(a) 2017 年 6 月 25 日和 2017 年 7 月 19 日的差分干涉图

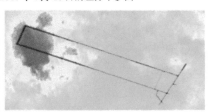

(b) RGC-NARNN 模型修复的影像　　　　　　　(c) RGC-BP 模型修复的影像

(d) 2017 年 11 月 16 日和 2017 年 11 月 28 日的差分干涉图

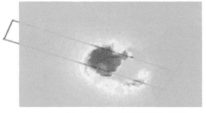

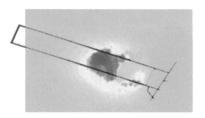

(e) RGC-NARNN 模型修复的影像　　　　　　　(f) RGC-BP 模型修复的影像

图 5-3　影像修复前后对比示意

5.4.3　构建 InSAR-PEK 模型解决大梯度变形问题

融合概率积分法和 Knothe 理论,构建一种能够直接从 SAR 数据中提取地表变形信息的数学模型。这种模型特别适用于矿区等地表变化剧烈的环境,可以处理 SAR 数据在大梯度变形监测中常遇到的非线性问题,使得不依赖地面测量数据也能够估计地表沉降。

在传统的矿山监测方法中,通常需要依赖地面水准测量等手段来获取地表变形的详细信息,这些方法往往耗时耗力,并且在一些存在复杂地形或者人难以到达的区域难以实施。InSAR 技术为此提供了一个强有力的替代方案,它通过卫星遥感技术获取覆盖广泛的地表变形数据,但在处理大梯度变形时,由于 SAR 数据的相干性丧失,常规 InSAR 技术可能难以提供准确结果。InSAR-PEK 模型通过整合概率积分法和 Knothe 理论,来解决传统 InSAR 技术在大梯度变形区域应用的限制。概率积分法是一种计算地表沉降的经典方法,通常用于评估煤矿等矿产资源开采后的地表影响。它通过分析地下开采空间的概率分布来预测地表沉降。Knothe 理论则提供了一种描述沉降盆地演化的数学框架,特别是在考虑时间因素后,对于理解和模拟沉降过程尤为有效。InSAR-PEK 模型的核心创新在于,它将这两种方法的优点结合起来,不仅能够估计单个点的沉降值,还能够在空间上描绘出整个沉降盆地的形态。这种模型对于预测地表变形的空间分布和沉降发展趋势极为有用,尤其是在地表变化迅速且复杂的矿区环境中。

SAR 数据的预测精度与概率积分法预测的最大下沉值精度密切相关。概率积分法预测的最大下沉值与实测值越接近,SAR 数据预测的结果越精确。此外,SAR 数据质量本身也对预测结果的精度有重要影响。例如,在试验研究中使用的哨兵数据,其精度相对较低,无法与商业数据相比,这会对预测结果产生一定的误差。

InSAR-PEK 模型的计算值、InSAR 提取值与实测值的对比情况如图 5-4 所示,由图 5-4 可知,在沉降活跃阶段,InSAR 提取值与实测值之间存在较大的偏差,这些偏差导致了数据的不完整。相对而言,InSAR-PEK 模型的计算值与实测值更为吻合,这表明该模型在沉降活跃阶段的数据提取精度较 InSAR 数据有显著提升。

在整个试验中,独立使用 SAR 数据,并基于 InSAR-PEK 模型获取沉降值。将模型获取的沉降值与整个监测周期内的水准测量数据进行比较,均方根误差平均值为 41.68 mm;与活跃阶段的水准测量数据相比,均方根误差平均值为 61.03 mm。在整个沉降期间,误差占最大沉降量的百分比平均值为 2.99%;在活跃阶段,误差占最大沉降量的百分比平均值为 4.13%。这些数据展示了模型在捕捉开采沉陷活跃阶段大梯度变形值时的高精度,证明了其在实际应用中的适用性和有效性。

通过实际数据的验证,InSAR-PEK 模型展现了在提取大梯度变形信息方面的高准确度。这一模型不仅在理论上具有创新意义,而且在实践应用中也具有重要价值,尤其对于那些无法通过常规方法进行监测的区域。它为矿山开采监测提供了一种新的视角,确保了监测工作的持续性和准确性,对矿山安全生产和环境保护具有重要意义。通过这一模型,监测人员可以更早地识别潜在的风险区域,提前做好准备,减轻矿山开采活动对环境的影响。

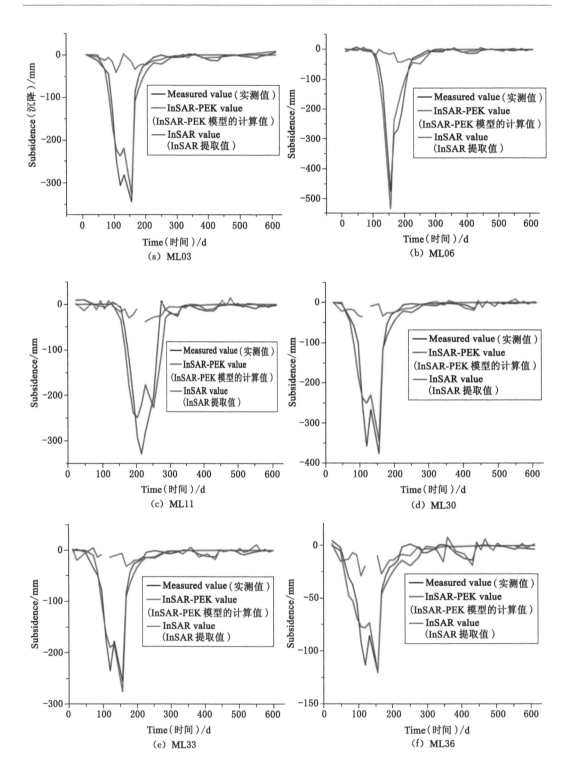

图 5-4　InSAR-PEK 模型的计算值、InSAR 提取值与实测值的对比情况

5.4.4 融合 UAV 和 D-InSAR 技术协同监测矿区变形

通过融合 UAV 和 D-InSAR 技术,对矿区沉降进行全方位的时空动态分析,以揭示矿区地下开采活动与地表影响范围之间的内在联系。其具体内容如下。

SAR 数据处理:首先,获取矿区的 SAR 影像数据,并利用双轨法处理这些数据,以获得视线方向的变形值。接着,进行垂直方向沉降量的分解,并进行阶段性监测。若矿区被多组 SAR 数据覆盖,则应选择合适的数据组,以缩短监测时间跨度。

像片处理流程:使用专业软件处理无人机采集的像片。像片处理流程包括数据导入、像片组队、空间三角测量解算、刺点以及坐标系转换等。处理后的数据产品包括三维模型、数字正射影像图(DOM)和数字表面模型(DSM)。

数据精度验证及协同监测:利用外业采集的 RTK 数据和水准数据来验证倾斜摄影测量的精度,以及平面坐标(x, y)和高程(H)的准确性。然后,结合无人机倾斜摄影测量得到的数据和 SAR 数据,进行空天地协同监测。通过对比试验来绘制协同监测流程图。

模型生成:利用专业软件生成 DOM、DSM 和矿区的三维模型。DOM 能够提供地图的几何精度和影像特征;DSM 包含地表及其上建筑物、树木、道路等地物的高程信息,能够准确反映地表的起伏特征。

数据统计与分析:首先使用 DOM 数据来统计地表地类情况,并进行基础数据统计。再以水准高程数据为标准,对水准数据、RTK 数据和 DSM 数据进行对比,求取均方根误差,以验证无人机倾斜摄影测量技术获取地表地物高程的精度和可靠性。这些步骤可为监测工作提供初步判断,确保满足下沉预计和参数反演的需求。

时空规律分析:利用 SAR 数据对深部开采工作面在巨厚松散层地质条件下的下沉时空规律进行探究。这项分析工作涵盖了矿区监测工作的时间和空间尺度,能够充分揭示矿区沉降的动态特征和模式。

融合 UAV 和 D-InSAR 技术协同监测的某矿区变形情况如图 5-5 所示。由图 5-5(a)可以看出,在沉降活跃阶段初期,地表移动盆地向外扩展的范围较广,边界部分的收敛速度较慢,导致长距离的地表出现轻微且缓慢的下沉。此时,地表的变形值相对较小,形成的下沉盆地呈椭圆形,并在盆地倾向上显示出对称性,在走向上两侧则不对称。由图 5-5(b)可以看出,下沉区开始向盆地中心收拢,椭圆形的下沉盆地逐渐演变为接近圆形的结构。在图 5-5(c)和图 5-5(d)所示的后期阶段,主要的沉降区域呈现近乎圆形的特征,并在走向和倾向上显示出对称性。图 5-5(a)、图 5-5(b)和图 5-5(c)揭示了地表主要以整体下沉为主的特点,而在图 5-5(d)中,以黄色实线标出的区域地表移动和变形较为显著,显示出沉降更为集中的特征。

SAR 数据可定期获取变形值,与 DOM 结合,可在时间和空间统一的尺度上研究矿区工作面地表的沉降规律。与传统的矿区沉降监测方法相比,SAR 数据结合 DOM 数据、DSM 数据的协同监测技术,已经从单一的离散点监测拓展到真三维+时间尺度的探究,这种综合监测方法为矿区沉降规律的全面研究提供了依据。

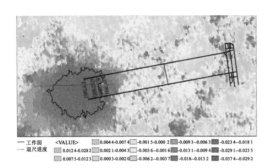

—— 工作面　<VALUE>　□0.004 4-0.007 4　□-0.001 5-0.000 2　□-0.009 3-0.006 3　□-0.023 4-0.018 1
—— 退尺进度　□0.012 4-0.028 2　□0.002 1-0.004 3　□-0.003 6-0.001 6　□-0.013 1-0.009 4　□-0.023 1-0.023 5
　　　　　　　□0.007 5-0.012 3　□0.000 3-0.002 0　□-0.006 2-0.003 7　□-0.018-0.013 2　□-0.037 4-0.029 2

(a) 2021 年 5 月 11 日—2021 年 5 月 23 日

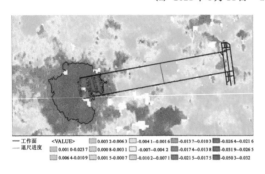
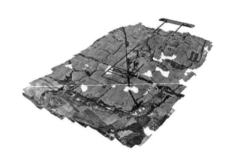

—— 工作面　<VALUE>　□0.003 2-0.006 3　□-0.004 1-0.001 6　□-0.013 7-0.010 3　□-0.026 4-0.021 6
—— 退尺进度　□0.001 0-0.023 7　□0.000 8-0.003 1　□-0.007-0.004 2　□-0.017 4-0.013 8　□-0.031 9-0.026 5
　　　　　　　□0.006 4-0.010 9　□0.001 5-0.000 7　□-0.010 2-0.007 1　□-0.021 5-0.017 5　□-0.050 3-0.032

(b) 2021 年 5 月 23 日—2021 年 6 月 4 日

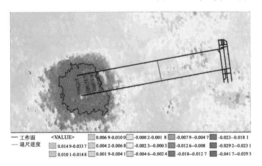

—— 工作面　<VALUE>　□0.006 9-0.010 0　□-0.000 2-0.001 8　□-0.007 9-0.004 7　□-0.023-0.018 1
—— 退尺进度　□0.014 9-0.033 7　□0.004 2-0.006 8　□-0.002 3-0.000 3　□-0.012 6-0.008　□-0.029 2-0.023 1
　　　　　　　□0.010 1-0.014 8　□0.001 9-0.004 1　□-0.004 6-0.002 4　□-0.018-0.012 7　□-0.041 7-0.029 3

(c) 2021 年 6 月 16 日—2021 年 6 月 28 日

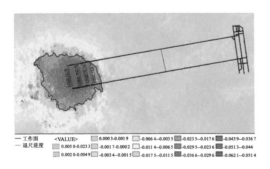

—— 工作面　<VALUE>　□0.000 3-0.001 9　□-0.006 4-0.003 5　□-0.023 5-0.017 6　□-0.043 9-0.036 7
—— 退尺进度　□0.005 0-0.023 3　□-0.001 7-0.000 2　□-0.011 4-0.006 5　□-0.029 5-0.023 6　□-0.051 3-0.044
　　　　　　　□0.002 0-0.004 9　□-0.003 4-0.001 5　□-0.017 5-0.011 5　□-0.036 6-0.029 6　□-0.062 1-0.051 4

(d) 2021 年 6 月 21 日—2021 年 7 月 3 日

图 5-5　融合 UAV 和 D-InSAR 技术协同监测的某矿区变形情况

6 矿山采动沉陷灾害分析决策公共服务平台

本章在前期理论研究和应用研究的基础上,介绍了我们研发的矿山采动沉陷灾害空天地井协同监测与分析决策公共服务云平台,简称矿山采动沉陷灾害分析决策公共服务平台,(以下用 PSPM 平台),它是本书研究成果的集中体现。

本章致力于研发一套高效、精准、可靠的采煤沉陷区动态监测平台。基于 B/S(浏览器/服务器)体系架构开发实时接收和处理数据云平台,以分布式部署框架,实现对沉陷区域地表变形、生态破坏等关键指标的全面和实时监控。平台将集成多种数据源,提供强大的数据处理和分析能力,为企业和管理部门提供科学的数据支撑和决策参考。本书旨在通过动态监测平台的建设,提高采煤沉陷区域管理工作的信息化、智能化水平,有效预防和减轻采煤引发的生态环境问题,确保地表建筑物的安全,保障矿区居民的生命财产安全,并为矿山生态环境修复和耕地保护等全生命周期监管提供技术支撑。

该平台的建设可实现矿山采动沉陷灾害全生命周期的动态监测与管理。该平台支持矿区管理人员和地方政府在同一系统内进行全生命周期管理,实现了从初期识别、风险评估、监测、治理到效果评价的动态管理,同时,通过微服务架构设计,推动采动地质灾害防治的在线业务协同与数据共享,实现了跨区域、跨部门的信息实时更新和业务流程无缝连接。此外,前沿技术(如微服务框架、Vue 前端框架等)提升了平台的稳定性、扩展性和用户使用体验,降低了系统耦合度,提高了平台的开发效率和对异构技术的支持能力,解决了传统平台的维护难题,加强了矿山安全管理的系统性和综合性。

6.1 平台设计原则

根据研究目标,力求 PSPM 平台在可靠性、先进性、经济性等方面达到国内领先水平,以实现对矿山采动沉陷灾害的综合分析和决策支持,为生态环境修复与生态安全保障提供强有力的技术支撑,平台的设计应遵循以下原则。

(1)实用性:针对开采沉陷监测的工作模式,综合考虑现有的计算技术、网络通信技术、数据处理技术等,利用已有的成果资料,开发的 PSPM 平台应能满足开采沉陷监测的需求。同时,平台应提供可根据用户需求订制的服务和报告功能,以满足不同用户在监测、分析、预警和决策过程中的特定需求。

(2)可靠性:建立严格的数据审核和验证机制,确保收集到的每一项数据的准确性和可靠性,以及 PSPM 平台在计算、分析、数据传输、输出结果等方面的正确性。加强平台的容错机制,通过冗余设计、异常检测和快速故障恢复等手段,提高系统的稳定性和可靠性。

（3）先进性：应采用先进和成熟的硬件、软件平台，不仅需要满足当前的监测需求，也需要具备向后兼容和升级的能力，以适应未来技术发展的需求。针对海量数据的处理需求，优化算法和处理流程，提高数据查询和分析的速度，确保多用户同时访问时系统具有高效的响应速度。

（4）安全性：PSPM 平台的安全性包括数据安全性、软件安全性。实施数据加密、访问控制和网络隔离等多种安全措施，全方位保护平台数据不受外部威胁。可以从注册码、数据加密、授权编码、数据备份等方面来考虑平台的安全性，具体包括以下几个方面。

① 注册码：在安装 PSPM 平台时，提供给用户注册码，正确时方可安装。注册码应安全可靠，不易破解。初次运行不同的软件模块（如 MISPAS 软件包、MADCAS 软件、PCASMS 软件等）时，也需提供给用户注册码。

② 数据加密：采用加密和解密算法，对平台内的关键数据及通过网络传输至 PSPM 平台的数据进行加密保护。要求密码算法先进，不易破解，加密和解密操作对软件系统的运行速度影响较小。

③ 授权编码：根据用户级别，设置不同级别的授权码。例如，有的用户仅能浏览相关信息，而无法对数据库进行操作；有的用户拥有数据录入、修改、查询、统计分析、报表制作和专题制图等权限。

④ 软件日志：对软件的运行情况进行记录，包括授权码、操作人员、开始时间、结束时间；当前使用的数据库；是否对数据库进行修改以及修改内容（如原始内容、修改后的内容）等相关信息。软件日志应永久保存在日志目录中，日志目录及其中的文件不允许删除。

⑤ 断电保护：在突然断电的情况下记住当前的系统状态，保存新录入的数据。在下次运行该软件时，恢复到断电前的状态。

⑥ 数据备份：在数据录入过程中，平台应及时备份数据（可按设置的时间间隔）。同时，建议用户将系统数据备份到外部存储设备中，以防突然断电、误删除或计算机被盗等情况导致数据丢失。退出工程、退出软件、删除数据时等须提醒用户进行确认以及询问用户是否保存当前的修改结果。

（5）经济性：在设计和实施阶段，进行详细的成本效益分析，在保证平台的实用性、可靠性、先进性和安全性的前提下，确保平台的经济效益达到最大化。

（6）规范性：所有数据处理和分析流程应严格遵循国家相关标准，确保数据处理的规范性和一致性。在系统设计和构建过程中，应充分应用煤炭行业和相关行业的标准、规程和规范。此外，还需要遵循 GIS 领域的数据采集制度化、信息形式标准化、信息内容系统化、信息存储档案化、信息传递规范化的原则，以实现数据共享的目标。

（7）推广性：PSPM 平台不仅可用于矿山开采沉陷监测，还可用于高层建筑物、港口、码头、堤防、山体滑坡、城市地表沉降和桥梁等的变形监测。此外，该平台还应能处理以常规仪器和 GNSS 技术建立的城市控制网、矿区控制网等的数据。PSPM 平台应提供全面的用户培训和技术支持服务，确保用户能够充分利用平台的高级功能，以推动平台的广泛应用。

6.2 平台设计

6.2.1 总体架构设计

平台的建设采用的是分层架构,每层负责不同的功能模块,以确保系统的高可用性、可扩展性和维护性。平台建设的架构如图 6-1 所示,其具体设计理念如下。

图 6-1　平台建设的架构

(1) 运行支撑层:这一层为整个系统提供了基础的运行环境,主要由高性能的服务器群组、稳定可靠的网络设施以及必要的系统软件构成。硬件资源包括但不限于数据中心的服务器、存储设备、网络路由器和交换机等。在系统软件方面,涵盖了操作系统、数据库管理系统(如 MySQL、Oracle 等)、数据备份与恢复工具、安全防护软件等。此层的设计注重硬件的可靠性、数据传输的稳定性和系统软件的安全性,以保障平台运行的稳定性和数据的安全。

(2) 数据层:数据层负责核心数据的处理和存储,是整个平台的数据基础。这一层不仅实现了数据的高效存取和管理,而且特别强调数据的安全性和完整性保护。通过高性能的数据库管理系统,可实现数据的快速读写、高效查询以及灾难恢复。数据层的设计采取了多重数据备份、加密存储和访问权限控制等措施来确保数据的安全和完整。此外,数据层还支持多维数据集的建立,可为数据的分析和决策提供丰富的数据资源。

(3) 服务层:基于微服务架构设计的服务层将复杂的业务逻辑划分为多个小型、松耦合的服务单元。每个服务单元都是独立的,负责一组相关的功能,如公共采集服务、远程更新服务、资源管理服务等。微服务架构使得每个服务单元都可以独立开发、部署和扩展,极大地提高了系统的可扩展性和可维护性。服务层通过 RESTful API(应用程序接口)或 gRPC等通信协议与上下层进行交互,支持高效的服务调用。此层的设计强调服务的独立性和灵活性,便于快速响应业务的变化和技术创新,同时也便于系统的横向扩展和升级。

(4)应用层:应用层提供具体的应用服务,包括数据分析、推送报告、监测预警等功能。该层通过调用服务层的服务来实现复杂的业务逻辑。应用层将业务需求转化为具体的技术解决方案,为用户提供直接的价值。此层采用模块化的设计,可以灵活组合不同的服务以满足多样化的应用需求。应用层还负责处理用户的交互逻辑,确保提供流畅和直观的用户体验。

(5)客户端层:客户端层为用户提供了多样化的交互界面,包括但不限于 Web(万维网)界面、移动端应用等。客户端层的设计注重用户体验,通过友好的 UI/UX(用户界面/用户体验)设计能够使用户轻松访问和使用平台的各项功能。此层也支持多种终端设备,以确保用户无论在何种设备上都能获得一致的访问体验。客户端层的设计强调了对用户的引导和支持,通过交互设计降低了用户的使用门槛,从而可提高用户的满意度和忠诚度。

6.2.2 运行环境设计

为保障平台的稳定、高效运行及未来的可扩展性,在平台运行环境的设计上进行了全面而深入的规划,涉及硬件资源配置、网络环境设计以及软件环境搭建等多个方面。

在硬件资源的配置方面,选用了具有高性能计算和大容量存储能力的服务器,例如,使用多核处理器、大容量 RAM(随机存储器)和 SSD(固态硬盘)硬盘,以及高速的磁盘阵列。这些配置旨在确保系统在处理复杂地质数据和支持高并发用户访问时,能够保持快速响应和稳定运行。

网络环境的设计同样重要,考虑数据传输和实时处理这一需求,本平台采用了高带宽的网络连接和低延迟的网络配置,确保数据在服务器与客户端之间能够快速、稳定地传输。同时,本平台通过采用负载均衡技术,优化了网络流量的分配,提高了系统的可用性和容错性。

在软件环境的搭建方面,选择了 Linux 作为服务器的操作系统,其开源、稳定且支持多任务处理的特点,非常适合企业级应用。在数据库管理系统方面,根据不同的数据处理需求和场景,采用了 MySQL 数据库和 MongoDB 数据库的组合,MySQL 数据库用于处理结构化数据,MongoDB 数据库则用于处理半结构化或非结构化的大数据,这样可确保数据处理的高效性和灵活性。

针对微服务架构的特点,采用了 Spring Cloud 框架作为微服务解决方案,以便于开发、部署和管理分布式系统中的各个微服务。为了保证微服务之间的高效通信,选择了 RabbitMQ作为消息队列中间件,该中间件支持异步消息处理,可降低系统的耦合度,提高系统的响应速度和可靠性。

此外,还采用了 Docker 容器化技术和 Kubernetes 容器编排技术,实现服务的快速部署、自动化管理和弹性伸缩。这不仅提高了系统开发和部署的效率,也为系统的稳定运行和快速扩展提供了有力保障。

6.2.3　数据库设计

针对数据库的多样性和复杂性,本平台采用 MySQL 数据库来存储结构化的业务数据,如监测数据、分析报告等。数据库的设计应遵循标准化、高效索引、合理分区的原则。同时,为了存储非结构化数据,如多媒体文件、大规模实时感知数据集等,本平台建立了非关系型数据库和文件系统,以提高数据处理和访问的效率。

为确保数据的安全性和可靠性,平台建设过程中实施了以下措施。① 权限管理:根据用户角色和需求,设计了细粒度的数据访问权限控制,确保数据仅对授权用户可见。② 数据备份和恢复:建立了完善的数据库备份机制,包括定时全量备份和增量备份,以及在云环境中的数据冗余存储,以保障数据在硬件故障或其他异常情况下能够快速恢复。

在平台建设过程中,制定了一系列数据管理标准和规范,明确了数据来源、格式、质量要求和收集频率,定义了数据筛选、整理、存储格式和数据库设计规范,包括数据加密、访问控制、软件日志等安全策略,以确保数据的一致性、准确性和可维护性。

PSPM 平台应能同时管理多个监测项目,例如,对于淮南矿业集团来说,它应能管理集团公司在建、将建的所有监测项目(如顾桥矿区的、顾北矿区的、张集矿区的等);但对于某一个矿区(如顾桥矿区)来说,它应能管理该矿区的项目。进一步来说,对于淮南市的安全生产管理部门来说,它应能管理其辖区内所有煤矿企业和非煤企业的变形体(如滑坡、桥梁、高层建筑物等)监测信息;对于国家层面的安全生产管理部门来说,它应能管理全国所有的变形体监测信息。

相应地,不同用户的权限各不相同。在设计 PSPM 平台的管理功能时,应从数据库的角度出发,充分考虑用户的等级、类型和权限。下面以项目基本信息数据库和项目编码结构为例,介绍 PSPM 平台开发过程中数据库设计的基本思想。

6.2.3.1　项目基本信息数据库

在 PSPM 平台中,每个监测项目都以工程项目的形式进行管理,项目基本信息数据库用于存储该项目的基本信息,其数据库结构如表 6-1 所示。

表 6-1　项目基本信息数据库的结构(数据库名称:Project_Info)

序号	字段名称	字段代码	字段类型	字段长度	小数位数	约束条件	备注
1	项目编码	ProNameID	Char	12		M	由用户选择(输入)后自动生成,作为项目的唯一代码
2	项目名称(字符)	ProNameEn	Char	18		M	字符模式下的项目名称
3	项目名称(汉字)	ProNameCh	Char	40		M	汉字模式下的项目名称
4	项目来源	ProNameSo	Char	40		M	项目的来源
5	项目批文	ProNameDc	Char	20		O	项目批文编号
6	项目经费	ProNameFd	Float	15	3	C	以万元为单位
7	项目概况	ProNameOv	Char	40		C	项目的基本描述信息
8	项目负责单位	ProNameRe	Char	40		O	承担项目的单位名称

表 6-1(续)

序号	字段名称	字段代码	字段类型	字段长度	小数位数	约束条件	备注
9	项目负责人	ProNamePr	Char	16		C	承担项目的责任人
10	实施地点经度	ProPlcCGL	Float	8	4	M	项目施工地点的概略经度(CGCS2000 坐标系)
11	实施地点纬度	ProPlcCGB	Float	8	4	M	项目施工地点的概略纬度(CGCS2000 坐标系)
12	立项日期	ProNameDa	Data	8		C	项目合同的签订日期
13	开始日期	ProNameSd	Data	8		C	项目开始执行的日期
14	结束日期	ProNameEd	Data	8		C	项目预计结束的日期
15	项目执行人员	ProNameOp	Char	16		M	项目的实施人员
16	其他	ProNameOt	Char	16		C	项目的其他信息

约束条件取值:"M"表示字段为必选;"O"表示条件为必选;"C"表示可选。

6.2.3.2 项目编码结构

在矿山开采沉陷变形监测项目中,项目编码是确保数据管理系统正确性和高效性的关键。每个项目编码由 12 位阿拉伯数字组成,这一独特的编码结构在本平台内保持唯一性,以确保数据能够被准确检索和归档。项目编码由以下几部分构成:采矿企业所属主管部门所在地的行政区划代码、主管部门代码、采矿企业自身的代码、项目类型代码以及项目顺序代码。

行政区划代码和主管部门代码根据《中华人民共和国行政区划代码》(GB/T 2260—2007)及国家统计局发布的最新县及县以上行政区划代码确定。本平台采用的编码结构,易于实现项目管理的规范性,可为项目的监控、分析和决策提供稳定的数据支撑。

(1)省级行政区划名称和代码

本平台以省级行政区划(包括省、自治区、直辖市和特别行政区)名称和代码为标准来进行编码(编码格式为两位阿拉伯数字)。为便于后期管理,对于由国家直接管理的项目,其代码指定为"00",其余见表 6-2。

表 6-2 省级行政区划名称和代码(表名:Province_Code)

省	代码	省	代码	省	代码
北京市	11	天津市	12	河北省	13
山西省	14	内蒙古自治区	15	辽宁省	21
吉林省	22	黑龙江省	23	上海市	31
江苏省	32	浙江省	33	安徽省	34
福建省	35	江西省	36	山东省	37
河南省	41	湖北省	42	湖南省	43
广东省	44	广西壮族自治区	45	海南省	46

······

为了提高遥感影像工作底图在数据管理系统中的应用效率,并确保能够迅速定位至省级(或国家级)管理单位的大致地理位置,在平台数据库的建设过程中,对相关单位在CGCS2000 坐标系下的近似地理坐标进行了整合和存储管理。这些坐标数据包括经纬度信息,并且精确到小数点后四位,以保证定位的准确性。具体而言,将坐标数据设计为 8 个独立的字段,以便于后续的数据检索、分析和可视化处理(下同)。

(2)地市级行政区划名称和代码

以地市级行政区划(包括省辖行政区、地级市、自治州、地区、盟)名称和代码为标准来进行编码(编码格式为两位阿拉伯数字)。例如,安徽省地市级城市名称及代码见表6-3。

表 6-3 安徽省地市级城市名称及代码 (表名:City_Code)

市	代码	市	代码	市	代码
合肥市	01	芜湖市	02	蚌埠市	03
淮南市	04	马鞍山市	05	淮北市	06
铜陵市	07	安庆市	08	黄山市	10
滁州市	11	阜阳市	12	宿州市	13
六安市	15	亳州市	16	池州市	17
宣城市	18				

(3)主管部门名称和代码

为确保监测项目管理的系统性与准确性,主管部门的编码采取灵活的策略。对于具有明确主管部门的矿山项目(如属于特定集团公司的矿山),其主管部门编码根据该部门的年产量和其在省级行政区划内的相对位置来确定,并采用两位阿拉伯数字表示。例如,淮南矿业(集团)有限责任公司,根据其在安徽省内的采矿年产量大小及序列,可赋予特定的顺序编码。矿业集团名称及代码示例见表6-4。

表 6-4 矿业集团名称及代码示例(表名:Group_Code)

集团公司名称	代码	集团公司名称	代码	集团公司名称	代码
淮南矿业(集团)有限责任公司	01	淮北矿业股份有限公司	02	安徽国投新集能源有限责任公司	03
皖北煤电(集团)有限责任公司	04				

对于无明确主管部门的矿山项目,如独立运营且不属于任何集团公司的小型矿山(独立的小煤矿),在主管部门编码中,则采用"99"进行填充,以标识其独立性和特殊的管理状态。

对于非矿山变形监测项目,这类项目的主管部门编码则直接根据《中华人民共和国行政区划代码》(GB/T 2260—2007)确定,反映其所在的县(区)级行政单位,同样采用两位阿拉伯数字表示,以确保编码的统一性与规范性。淮南市县(区)级名称及代码示例见表6-5。

表 6-5　淮南市县(区)级名称及代码示例(表名:Group_Code)

县(区)	代码	县(区)	代码	县(区)	代码
市辖区	01	大通区	02	田家庵区	03
谢家集区	04	八公山区	05	潘集区	06
凤台县	21				

（4）采矿企业名称及代码

本平台强调对项目编码体系的构建,这包括对采矿企业名称及代码的规划,以确保项目信息能够被有序管理和高效检索。例如,淮南矿业(集团)有限责任公司下属的各采矿企业可以按照预定的编码方式进行标识,具体编码方式见表6-6。

表 6-6　采矿企业(煤矿或子公司)名称及代码示例(表名:Mine_Code)

采矿企业名称	代码	采矿企业名称	代码
顾桥煤矿	01	张集煤矿	02
顾北煤矿	03	谢桥煤矿	04
潘一煤矿	05	潘二煤矿	06
潘三煤矿	07	谢一煤矿	08
新庄孜煤矿	09	李嘴孜煤矿	10
潘北煤矿	11	朱集煤矿	12
丁集煤矿	13	潘一东煤矿	14
多个采矿企业	00		

若某一项目[如建立研究区域的CORS(卫星导航定位连续运行基准站)基准网或对两个矿区相邻的两个工作面的地表移动变形进行预计等]涉及多个采矿企业(如顾桥煤矿和顾北煤矿),则采矿企业代码以"00"表示。对于非矿山变形监测(如滑坡监测)项目,此代码为变形体所在乡镇(街道),根据《中华人民共和国行政区划代码》(GB/T 2260—2007)按其所在地进行编码(编码格式为两位阿拉伯数字)。例如,淮南市田家庵区部分乡镇(街道)可按下述方式进行编码,具体编码形式见表6-7。

表 6-7　乡镇(街道)名称及代码表(表名:Mine_Code)

乡镇(街道)	代码	乡镇(街道)	代码	乡镇(街道)	代码
田东街道	01	新淮街道	02	国庆街道	03
淮滨街道	04	朝阳街道	05	公园街道	06
洞山街道	07	龙泉街道	08	泉山街道	09
舜耕镇	10	安成镇	11	曹庵镇	12
三和乡	20	史院乡	21		

（5）项目类型代码

本平台通过设定简洁的数字代码来区分项目的类型,使用单个阿拉伯数字表示。项目类型代码的具体定义如下。

矿山 GNSS 自动化变形监测类项目(代码为"1"):该类项目主要应用 GNSS 技术(辅以其他技术)来实施矿山沉降和变形的自动化变形监测及数据处理分析,包括 GNSS 自动化实时监测、常规观测站及其他建筑物的变形监测与数据分析、地表移动变形预测、三维动态沉陷模型的构建以及开采损害的分析与评估等。

非矿山 GNSS 自动化变形监测类项目(代码为"2"):该类项目主要应用 GNSS 技术及其他辅助技术进行非矿山地区的自动化变形监测与数据处理分析,包括 GNSS 自动化实时监测、三维动态变形模型的构建、损害的分析与评估等。

(6) 项目顺序代码

在平台构建过程中,为确保项目管理的条理性和数据能够被准确跟踪,采用一套累计编号系统来分配项目顺序代码。该系统基于各个矿山企业(包括煤矿及其子公司)在平台上创建项目的顺序自动进行编号,确保每个项目的顺序代码唯一且连续。

在具体实施过程中,项目顺序代码由三位阿拉伯数字组成,以表现项目在特定矿山企业内的创建顺序。例如,如果淮南矿业(集团)有限责任公司的顾桥煤矿在本平台注册了该企业的第一个监测项目,平台会为其自动分配顺序代码"001"。随后,该企业创建的第二个项目将被赋予顺序代码"002",依次类推。

用户在创建项目时,平台提供的下拉式选择框将指导用户完成项目顺序代码的自动生成,这样可简化项目注册流程,同时确保编码的一致性和平台的易用性。以淮南矿业(集团)有限责任公司顾桥煤矿为例,其首个矿山开采沉陷变形监测项目的完整项目编码为"340401011001"。该方式可优化项目管理流程,为项目的追踪与监控提供有力支持,是本平台系统架构设计中的重要组成部分。

在本平台中,项目的字符型命名由英文半角字符组成,如"Banji Mining Subsidence Predict",这样可为每个项目设立独一无二的标识符。该命名不仅是所有相关数据的索引,也是系统内部存储结构的基础。当用户定义项目名称时,平台会进行唯一性校验,以确保不会有重复的项目名称出现。

项目的汉字型命名,如"板集矿沉陷预测",作为该项目的直观描述,旨在帮助用户快速识别各个工程项目。汉字型命名不同于字符型命名,不要求在系统内唯一。当用户完成项目的创建流程后,系统会自动生成一个包含所有子目录的文件夹。这些子目录包括用户操作日志数据库(UseLog)、原始数据集(RawData)、处理结果数据集(ResultS)等,用于组织和存储与该项目相关的全部信息。

6.2.4　平台软件体系设计

PSPM 平台软件体系设计采用了前沿的技术栈和架构,以确保平台的高性能、高可用性以及易于维护性。在前端开发上,平台采用了 Vue.js 框架,并结合了 Vuetify、Element UI 等 UI 库,实现了一个响应式且用户友好的界面设计,确保了用户在不同设备上都能获得一致的体验和交互。通过使用 WebScoket 和 STOMP 协议,平台能够实现实时的数据通信,用户能够实时接收到数据的更新和变化,这对于监测和分析系统至关重要。

在后端架构上,平台选择了 Spring Cloud 微服务架构,这不仅保证了系统的高可扩展性和微服务间的松耦合,而且通过 Eureka、Hystrix、Zuul 等组件,实现了微服务的发现、容错、路由和负载均衡等功能。此外,通过利用 Docker 容器化技术和 Kubernetes 容器编排工具,平台实现了服务的快速部署、自动化管理和横向扩展,从而大大提高了平台的开发效率和运维效率。

整个平台在软件体系设计上,融合了当前软件开发的最佳实践经验和最新技术,确保了系统的稳定运行、快速响应以及良好的可扩展性。此外,平台还通过细致的权限管理和安全策略,保障了数据的安全性和用户的隐私,为用户提供了一个安全、可信赖的工作环境。

6.2.5 平台开发阶段设计

在平台开发阶段,按照预定计划,分步骤地进行系统的开发和构建。这一过程包括基础矿区沉降监测信息和实时感知数据的整合建库,Web 端和移动端应用的开发,以及 Web 端运维管理系统的实现。开发工作遵循模块化和组件化原则,以确保平台的系统具备良好的可维护性和可扩展性。其具体内容如下。

(1) 整合建库:构建一个集成化的数据仓库,融合基础地理信息、历史沉降监测数据和实时感知数据。在实施策略上,采用 ETL(抽取、转换、加载)过程,从多个数据源中抽取数据,经过筛选、转换后统一加载到数据仓库。对于实时感知数据,引入流数据处理技术(如 Apache Kafka、Apache Flink),实现数据的实时采集和处理。对于数据库,采用分布式数据库系统(如 MongoDB、Cassandra)来支持大规模数据的存储和高效查询,同时结合传统的关系型数据库(如 PostgreSQL)来管理结构化数据。

(2) Web 端的开发:设计并实现一个功能全面的 Web 平台,支持数据展示、灾害分析、预警信息发布等核心功能。平台采用前后端分离架构,前端使用 Vue.js 框架,并结合 Element UI 或 Ant Design Vue 进行界面开发,后端则采用 Spring Boot 框架提供 RESTful API 服务。平台按照功能模块进行划分,如数据展示模块、数据分析模块、预警发布模块等,每个模块独立开发,以确保系统的高内聚和低耦合。

(3) 移动端应用的开发:开发兼容 iOS(苹果手机操作系统)和 Android(安卓系统)平台的移动应用,为现场工作人员提供便捷的数据采集、实时信息查询和灾害预警功能。采用跨平台移动开发框架(如 React Native 或 Flutter)开发移动应用,实现一次编码,多平台部署,以加快开发进度和减少维护成本。重视移动端应用的用户体验设计,确保界面简洁友好,操作流程简单明了。

(4) Web 端运维管理系统的实现:搭建一个高效的后台运维管理平台,支持系统监控、数据备份、用户管理等功能。利用现有的运维管理工具(如 Zabbix、Prometheus)进行系统监控,并结合 Grafana 软件进行数据可视化展示。采用定期和实时备份策略确保数据的安全。此外,平台应实现细粒度的权限控制和用户管理,以确保平台系统的安全性和稳定性。

6.3 平台体系架构与关键技术

矿山采动沉陷灾害空天地井协同监测与分析决策公共服务云平台(PSPM平台)的系统体系架构如图6-2所示,它充分考虑了大数据处理、实时性监控、跨平台兼容性以及高度的用户交互体验等需求。整体架构遵循SOA(面向服务的架构)规范,通过采用微服务架构设计,实现了系统功能模块的高度解耦和独立运行,从而提升了平台系统的可扩展性和可维护性。

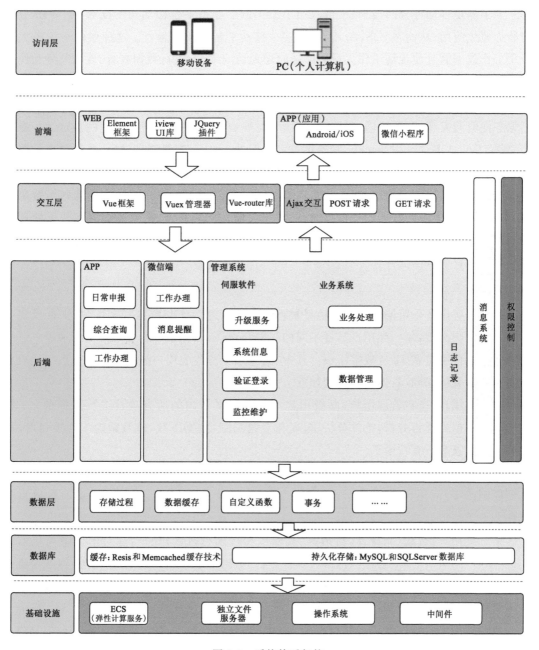

图 6-2 系统体系架构

平台深度集成了 GIS 技术,不仅能够实现复杂的空间数据处理和分析,还能提供直观的地理信息可视化功能。借助 GIS 技术,平台能够有效管理和展示矿区的地质数据、监测数据以及风险评估结果,为决策者提供有力的地理空间分析支持。

前端界面采用 Vue 框架进行开发,结合 Element UI 等现代 Web 技术,为用户提供了响应式、交互式的用户体验。这样的开发模式可加快开发效率,保证界面的一致性和可维护性。同时,通过 WebSockt 协议,平台实现了客户端与服务器之间的实时通信,确保了监测数据的实时更新和快速响应。

为了满足移动办公的需求,平台采用了 Cordova 等跨平台移动开发技术,将 Web 应用封装为原生应用,从而在 iOS、Android 等多个移动平台上实现运行。这种做法不仅极大提升了工作效率而且使现场工作人员能够随时随地访问平台,进行数据查看、现场监测和快速决策等操作。

在后端服务方面,平台以 Spring Cloud 为基础构建了一套完善的微服务生态系统,包括服务注册与发现、配置管理、断路器、API 网关等功能,为复杂业务场景下的稳定运行提供了支持。同时,通过运用 Docker 容器化技术和 Kubernetes 容器编排工具,平台实现了服务的快速部署、自动扩展和高可用性管理。

在数据管理方面,平台采用了分布式数据库系统,并结合缓存技术、消息队列等解决方案,确保了大规模空间数据的高效存储、处理和快速访问。此外,平台还引入大数据处理框架,如 Hadoop、Spark 等,以支持复杂的数据分析和挖掘任务,为矿山采动沉陷灾害的预警、评估和决策提供数据支撑。

6.3.1 用户分级管理

为确保矿山开采沉陷变形监测项目管理平台的有效运作与数据安全性,本平台设定了八类系统用户类型,每一类用户具备不同的权限和责任,以满足项目的多样化管理需求。用户账号由 4 位字符和 12 位数字组成。其中,前 4 位字符代表用户类型,后 12 位数字代表与项目相关的具体编码,具体用户类型如下。

第一类用户:平台管理用户(高级用户),可以对平台内的所有项目进行数据录入、修改、查询,数据处理与分析,统计分析、报表和专题制图,数据下载,以及新建工程项目等,平台管理用户具有所有权限。

第二类用户:国家级用户,能对平台内的所有项目进行查询、统计分析、数据下载、报表和专题制图等,但不得进行数据录入、修改、删除以及数据处理与分析、新建工程项目等操作。

第三类用户:省级(涵盖省、自治区、直辖市和特别行政区)用户,能对平台中与该省份(如安徽省)相关的所有项目进行查询、统计分析、数据下载、报表和专题制图等,但不得进行数据录入、修改、删除以及数据处理与分析、新建工程项目等操作,即该用户可以管理安徽省的所有项目,但不能管理其他省份的项目。

第四类用户:地级(涵盖省辖行政区、地级市、自治州、地区、盟)用户,能对平台中与该市相关的(如淮南市)所有项目进行查询、统计分析、数据下载、报表和专题制图等,但不得进行数据录入、修改、删除以及数据处理与分析、新建工程项目等操作,即该用户可以管理安徽省淮南市的所有项目,但不能管理其他项目。

第五类用户:集团公司级用户,仅能对平台中与该集团公司(如淮南矿业集团)相关的所有项目进行查询、统计分析、数据下载、报表和专题制图等,但不得进行数据录入、修改、删除以及数据处理与分析、新建工程项目等操作,即该用户可以管理安徽省淮南市淮南(矿业)集团有限责任公司的所有项目,但不能管理其他项目。

第六类用户:企业级用户,仅能对平台中与该企业(如顾北煤矿)相关的所有项目进行查询、统计分析、数据下载、报表和专题制图等,但不得进行数据录入、修改、删除以及数据处理与分析、新建工程项目等操作,即该用户可以管理平台中安徽省淮南市淮南矿业(集团)有限责任公司顾北煤矿的所有项目,但不能管理其他项目。

第七类用户:项目级用户,仅能对平台中某一项目进行数据录入、修改、查询,数据处理与分析,统计分析、报表和专题制图,数据下载,以及新建工程项目等操作,仅具有该项目的所有权限。例如,项目级用户可以管理安徽省淮南市淮南矿业(集团)有限责任公司顾北煤矿矿山 GNSS 自动化变形监测类项目中的第 2 个项目,但不能管理其他项目。

第八类用户:项目级过客用户,仅能对平台中的某一项目进行浏览,不得进行其他操作(如数据下载、数据修改等)。例如,项目级过客用户可以浏览安徽省淮南市淮南矿业(集团)有限责任公司顾北煤矿矿山 GNSS 自动化变形监测类项目中的第 2 个项目,但不能对该项目进行任何操作,也不能浏览其他项目。

系统整体由运行支撑层、数据层、服务层、应用层、客户端、用户组成,系统整体架构如图6-3 所示。

(1)运行支撑层:运行支撑层是系统的基础,用于提供必要的硬件和软件环境支持。根据先前系统整体架构的设计理念,该层涉及的关键组成部分包括:① 硬件资源:选用高性能的服务器以确保数据处理和应用运行的高效性。服务器包括数据服务器,用于大数据的存储和处理;应用服务器,用于承载各种服务和应用;专门的 GIS 服务器,用于地理信息的处理和分析。同时,确保网络设备支持高速数据传输,存储设备提供足够的容量和备份机制以保障数据的安全。② 软件环境:部署先进的数据库管理系统以支持复杂的数据操作,运用服务器操作系统如 Linux 等来提高系统的稳定性和安全性。GIS 服务器的选择和配置对于地理信息的处理至关重要。

(2)数据层:作为系统的核心,数据层负责收集、整理和存储各类数据。具体而言,在数据收集与整理阶段,通过集成多源监测技术(如 GNSS 技术、InSAR 技术等),收集覆盖广泛的基础地理信息数据和矿区业务数据,包括实时监测数据和历史数据,以为后续的分析提供丰富的数据基础。在数据存储与管理阶段,建立完善的数据存储系统,包括关系型数据库和非关系型数据库。其中,关系型数据库用于存储结构化数据,非关系型数据库用于满足灵活性更高的数据需求。同时,构建元数据管理体系,以使数据检索、数据共享更加高效。

(3)服务层:服务层是系统功能实现的核心,可提供的数据服务包括数据预处理、筛选、融合等,以确保数据质量和可用性。基于数据仓库实现的空间地理信息服务和业务数据服务可为上层应用提供支撑。此外,服务层可提供的分析服务包括灾害预测、评估和损害分析

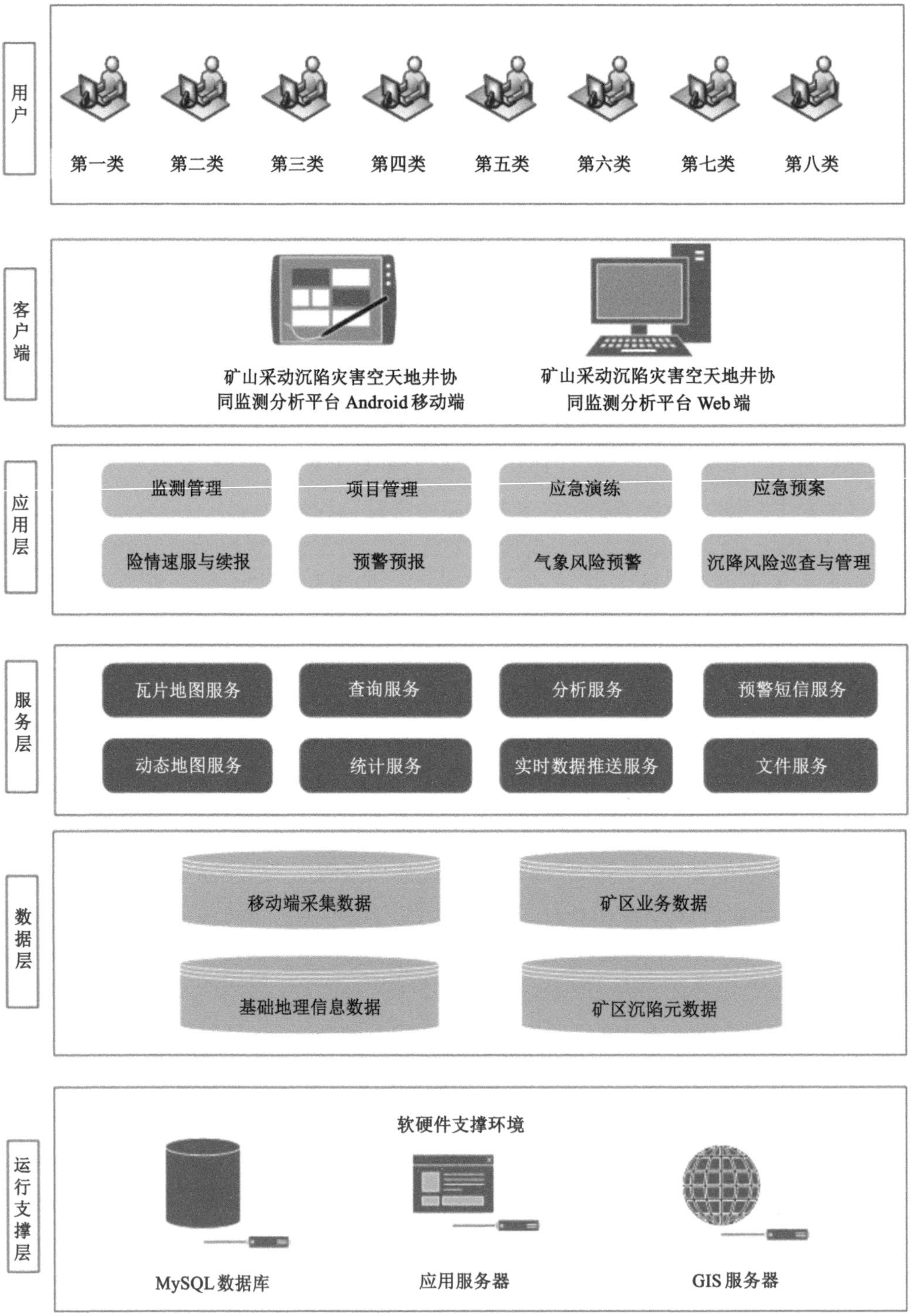

图 6-3　系统整体架构示意

等。这些服务支持决策制定,可提高灾害管理的效率。

(4)应用层:应用层直接面向最终用户。在用户界面方面,开发易于使用的 Web 端和移动端应用,提供直观的数据展示、灾害监测、预警和决策支持等功能。界面设计考虑用户体验,以确保信息的有效传递。监测管理、预警预报、项目管理等关键功能模块的实现,可为矿山安全管理提供全面的技术支持。

(5)客户端:针对不同级别的用户,客户端提供订制化的服务。根据不同级别的管理需求,提供相应的数据视图和管理功能来支持矿区灾害的区域性管理和决策;提供便携式移动应用来支持现场数据的采集、实时信息的获取和灾害预警。

6.3.2　技术路线

系统采用前沿的微服务架构和 Vue 框架进行开发,充分应用面向对象的编程模式,保障系统的完整性和开放性,以满足系统动态扩展的需求;移动端软件则采用跨平台的移动应用开发框架 Cordova+Vue 进行开发,以保证各系统间的一致性和无缝对接。系统建设的技术路线如图 6-4 所示。

(1)微服务架构:采用前沿的 Spring Cloud 微服务架构,确保各功能模块之间能够高效且独立地运作,同时便于后期维护和升级。此架构支持面向服务的设计理念,可增强系统的开放性和动态扩展能力。

(2)前端技术栈:前端部分采用 Vue.js 框架结合 Element UI 组件库进行开发,利用其数据驱动和组件化的优势,为用户提供响应式和交互性强的界面体验。对于移动端,采用 Cordova+Vue 的跨平台开发模式,以保证移动端应用与 Web 端应用的界面一致性和无缝对接。

(3)数据存储:所有业务数据、用户权限信息以及监测数据均存储在 MySQL 数据库,通过 JPA 持久化技术实现高效的数据读写操作,确保数据的完整性和一致性。

(4)数据推送:矿区监测点数据和气象数据可以通过第三方推送服务进行实时更新,采用高效的 WebSocket 技术实现数据的实时推送,保障用户能够及时获取最新的监测信息。

(5)ArcGIS Server 服务:利用 ArcGIS Server 提供的"天地图"瓦片地图服务,包括矢量底图服务、遥感影像服务和地形晕渲服务,为平台提供丰富的地图资源。

(6)REST 服务:基于 Spring Cloud 构建的 RESTful API 服务,提供系统业务服务和用户权限控制服务,涵盖监测点管理、数据变更历史、巡查管理等功能模块。

(7)实时数据推送服务:通过 WebSocket 实现的实时数据推送服务,可为用户提供实时监测预警、雨量数据推送和监测数据推送等实时交互功能。

(8)Web 端系统和运维管理系统:基于 Vue 框架和 Element UI 组件库进行开发,并整合 ArcGIS API for JavaScript 4.14 进行地图相关功能的开发。同时,采用 STOMP 协议实现即时通信功能,增强用户交互体验。

(9)Android 移动端应用:采用 Cordova 框架结合 Vue 框架和 Vant 组件库进行跨平台移动端应用的开发,以保证移动端应用的高性能和良好的用户体验。

6.3.3　运行环境

(1)系统后台服务部署

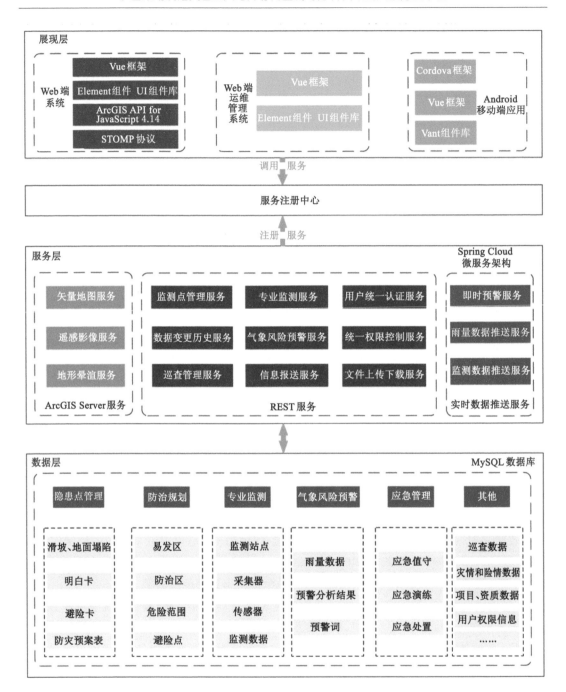

图 6-4　系统建设的技术路线

　　① 微服务架构部署：项目后台服务，包括 REST 服务、WebSocket 即时通信服务、用户统一认证服务以及服务注册中心等，均采用 Docker 容器化技术进行部署。这种方式不仅提高了部署效率，还大大增强了服务的可移植性和可伸缩性。

　　② 系统软件环境：所有服务容器均部署于 Linux-CentOS 7.0 及以上版本的服务器。选择 64 位版本是为了获得更好的性能和对新硬件的支持，保证系统运行的稳定性和效率。

（2）Web 端系统和运维管理部署

① Web 服务器配置：Web 端系统和运维管理系统部署于 Windows 环境下的 Apache Tomcat 服务器，利用其强大的 Java servlet 支持和高效的页面渲染能力，为用户提供流畅的访问体验。

② 分布式部署与负载均衡：为了进一步提升系统的访问速度和数据的响应效率，采用 Nginx 作为反向代理服务器来实现分布式部署。Nginx 不仅提高了 Web 应用的加载速度，还通过其负载均衡功能，确保在用户访问量剧增时，系统仍能稳定运行。

（3）数据存储与管理

① 数据库配置：项目的所有数据，包括业务数据、用户权限信息、矿区监测数据等均存储在配置有高可用性和数据恢复能力的 MySQL 数据库。数据库服务同样采用 Docker 容器化技术进行部署，以实现高效的数据管理和维护。

② 数据备份与安全：采取定期备份策略对数据库中的关键数据进行异地备份，以防数据丢失或被破坏。同时，实施严格的数据安全策略，包括网络隔离、加密传输等，确保数据的安全性。

（4）实时数据处理与推送

利用 WebSocket 技术实现监测数据的实时推送，结合 Apache Kafka 技术进行高效的消息队列管理，保证数据在多用户环境下的实时性和准确性。

平台硬件运行环境如表 6-8 所示，软件运行环境如表 6-9 所示。

表 6-8　硬件运行环境

名称	详细信息	数量
数据库服务器	CPU（中央处理器）：Intel（英特尔）酷睿 i9； 内存：32 G； 硬盘：1 T； 操作系统：Windows Server 2012 R2 企业版（64 位）	1 台
后端服务器	CPU：Intel（英特尔）酷睿 i9； 内存：32 G； 硬盘：1 T； 操作系统：CenOS7.0（64 位）	2 台
应用服务器	CPU：Intel（英特尔）酷睿 i9； 内存：32 G； 硬盘：1 T； 操作系统：Windows Server 2012 R2 企业版（64 位）	2 台
Nginx 服务器	CPU：Intel（英特尔）酷睿 i9； 内存：32 G； 硬盘：1 T； 操作系统：Windows Server 2012 R2 企业版（64 位）	1 台

表 6-8(续)

名称	详细信息	数量
文件服务器	CPU：Intel(英特尔)酷睿 i9； 内存：32 G； 硬盘：2 T； 操作系统：Windows Server 2012 R2 企业版(64 位)	1 台
移动端设备	Android 系统(Android 7.0 以上)	—

表 6-9　软件运行环境

名称	详细信息
操作系统	Windows Server 2012(64 位)、CentOS7.0(64 位)
数据库软件	MySQL8.0 以上
运行环境	JAVA 运行环境
Web 服务器	Tomcat 8.0、Docker 容器化技术
基础地理信息环境	ArcMap 10.4、ArcGIS Server 10.4

6.3.4　关键技术

本平台通过利用 Web 前后端开发技术、跨平台集成技术、网络通信技术、移动端矢量数据集成技术等关键技术，构建了高效便捷的信息沟通平台和地质灾害业务管理系统。

（1）Spring Cloud 微服务架构

通过采用 Spring Cloud 构建的微服务架构，本平台将复杂的系统业务分解为更小、更易于管理和独立更新的微服务单元。每个微服务单元负责执行一个独立的业务功能，如用户管理、数据分析、监测预警等，并通过 HTTP REST 或消息队列进行通信。服务注册与发现机制（如 Eureka 或 Consul）用于动态管理这些微服务单元的网络位置，以实现服务间的松耦合调用和负载均衡。

系统的微服务体系包括服务注册中心微服务、网关微服务、用户权限中心微服务、专业监测微服务、即时通信微服务、主体应用微服务等。

服务注册中心微服务用于支持各个微服务单元的自动注册与发现，并提供服务治理功能。服务注册中心微服务是整个微服务体系的核心。有了服务注册与发现模块，就无须频繁修改服务调用配置，只需使用服务标识符即可访问服务。服务注册模块负责对服务清单进行维护，使用心跳检测来确认清单中的服务是否可用，剔除不可用的节点。服务发现模块支持调用方通过服务名发起请求调用，并能够对负载均衡进行支持。网关微服务负责对所有的请求进行拦截和鉴权，仅允许有权限的请求通过。用户权限中心微服务用于对平台内的所有用户及其角色、权限进行管理。专业监测微服务负责将全省各级政府建设的专业监测站数据接入系统，并通过对数据进行分析、构建预警模型、设置预警值，实现地质灾害的监测预警工作。即时通信微服务用于支撑应急演练模块中的实时通信，以及对现场演练和模拟演练记录进行管理。主体应用微服务用于支撑隐患点管理、巡查管理、气象风险预警、信息报送等主体应用模块。Spring Cloud 微服务架构如图 6-5 所示。

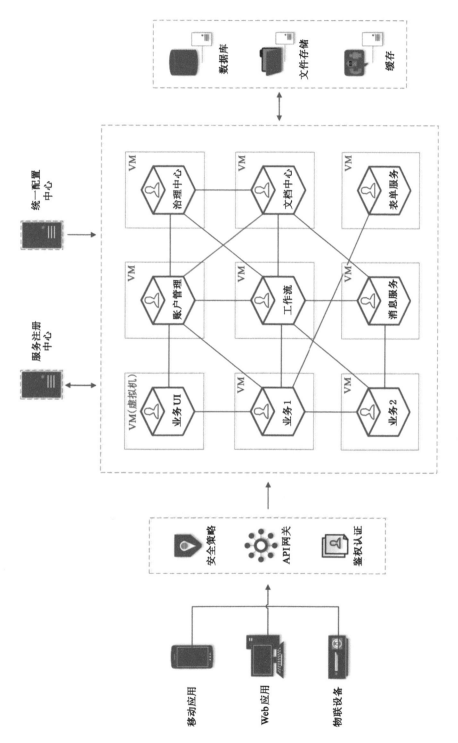

图 6-5 Spring Cloud 微服务架构示意

（2）三维场景展示与数据集成

PSPM 平台通过引入先进的 Cesium 技术，实现了高质量的三维场景展示和地质数据的深度集成，提供了一个功能强大的三维 GIS 平台。Cesium，作为一个基于 WebGL 技术的地图引擎，不仅支持多种地图展示形式，包括 3D、2D 及 2.5D，而且能够处理大规模的地理空间数据，实现三维场景的高效渲染和流畅浏览。

借助 Cesium 的 3D Tiles 技术标准，平台能够优化和加载倾斜摄影模型、DTM、DEM 以及建筑模型等复杂的三维数据，确保即使在网络条件受限的环境下也能快速、平滑地浏览三维场景。此外，Cesium 技术的动态数据加载机制大大减少了平台的初次加载时间，提升了用户交互的响应速度。

系统中的倾斜摄影模型来自实际的地理环境，以真实性强的纹理表现为用户提供了极具冲击力的视觉体验。通过 Cesium 技术，用户可以从不同的角度和视角，全方位、多角度、立体地观察矿区的地质灾害情况及其周边环境，极大地增强了场景的真实感和沉浸感。这种直观、互动的三维展示方式不仅有助于用户准确理解地质灾害的实际情况，还能有效地辅助决策者进行灾害评估和决策分析。

除了三维场景展示，平台还利用 Cesium 技术实现了地理信息数据与三维模型的深度集成。通过自定义数据源和接口，平台能够将地质调查数据、监测数据和分析结果融入三维场景，实现数据的动态展示和交互查询。例如，用户点击某个特定的地质灾害模型，即可查看该地点的详细地质数据、历史监测数据和风险评估报告等信息，这极大地提高了数据的可访问性并增强了决策的准确性。基于 Cesium 的三维数据集成技术如图 6-6 所示。

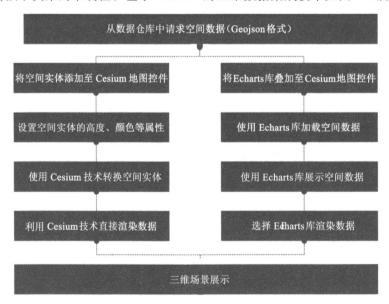

图 6-6　基于 Cesium 的三维数据集成技术

（3）基于 Vue 框架的前端开发技术

本平台的前端开发采用了 Vue.js 框架，这是一个轻量级、高效的前端 JavaScript 框架。

Vue.js 框架以数据驱动和组件化为核心设计理念,使得开发复杂的单页应用(SPA)变得更加简单和高效。其核心库只关注视图层,易于学习且便于与其他库或已有项目进行整合。

结合 Element UI 库和 Vant 组件库,本平台能够快速实现丰富而美观的界面设计。Element UI 库提供了一套完善的桌面端组件库,适用于快速构建中后台产品的 UI 界面。其设计风格统一且组件功能丰富,支持灵活的布局和深度的主题订制,可大大提高开发效率和产品的专业度。同时,Vant 作为一套轻量、可靠的移动端 Vue 组件库,专为移动端设计,支持手势操作和移动端适配,可确保不同移动设备上的良好用户体验。

本平台的前端开发还采用了 Vue CLI,这是一个基于 Vue.js 框架快速开发的完整系统,提供了从项目生成到开发调试的一系列工具,包括代码脚手架、热重载、代码压缩等功能,极大地提升了平台的开发效率和项目的可维护性。此外,本平台通过 Vue Router 实现前端路由管理,支持复杂的页面跳转、视图嵌套等功能。VueX 框架可进行状态管理,用于统一管理组件状态,实现组件间的数据共享和通信。

综合利用 Vue.js 框架的渐进式特性,以及 Element UI 库和 Vant 组件库的丰富组件资源,本平台在前端开发过程中实现了高度的模块化和组件化,使得开发工作变得更加高效和标准化。通过精心设计的组件和高效的数据处理方法,为用户提供了一套界面友好、响应迅速的矿山采动沉陷灾害分析决策公共服务平台,显著提升了用户体验和工作效率。基于 Vue 框架的前端开发技术如图 6-7 所示。

(4)后台服务容器化部署

后台服务全面支持容器化部署,采用 Docker 容器化技术,对前端站点、服务和数据存储进行全方位的封装,以提升部署的效率。

Docker 是一个开源的应用容器引擎,基于 Go 语言开发,并遵循 Apache2.0 协议进行开源。Docker 可应用于 Web 应用的自动化打包和发布、自动化测试、持续集成与发布。Docker 容器化技术的优势如下。

① 简化程序:Docker 允许开发者将他们的应用以及依赖打包到一个可移植的容器,并发布到任何流行的 Linux 机器,实现虚拟化。Docker 改变了传统的虚拟化方式,使开发者可以直接将自己的成果放入 Docker 进行管理。其便捷性是 Docker 的最大优势之一,以往需要数天甚至数周完成的任务,在 Docker 容器的处理下,仅需数秒即可。

② 镜像部署:Docker 镜像包含了运行环境和配置,因此,Docker 可以简化部署多种应用实例。例如,Web 应用、后台应用、数据库应用都可以打包成一个镜像部署。

③ 节省开支:随着云计算时代的到来,开发者不必为了追求效果而配置高额的硬件,Docker 改变了高性能必然高价格的思维定势。Docker 与云服务的结合,使云空间得到了充分的利用。这不仅解决了硬件管理的问题,也改变了虚拟化的方式。Docker 容器化部署的主要特点是形成了一整套从程序开发到生成镜像、生成容器再到完成部署的标准流程,这为程序开发到系统部署的对接和实施提供了便利。

(5)水准外业测量成果在线检核与平差

本书开发了一款对水准测量外业数据进行质量检核和平差处理的软件。该软件的用户界面友好且易于操作,无论是初学者还是有经验的专业人士,都能够迅速掌握使用。

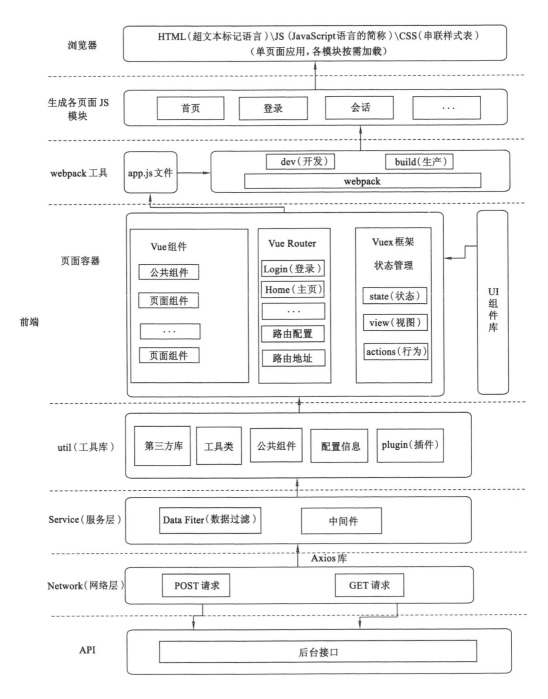

图 6-7　基于 Vue 框架的前端开发技术

　　该软件采用模块化设计理念,将野外数据的质量检核、内业的平差处理、数据导入导出等功能分别构建为独立的模块,这样的设计不仅增强了代码的可读性和可维护性,而且为未来功能的扩展和更新提供了便利。在用户交互设计方面,其充分考虑了非专业用户的操作习惯和需求,通过图形用户界面(GUI)简化了操作流程,降低了用户使用的难度。针对大规模水准网数据处理的需求,该软件内部采用了高效的数据处理算法和数据结构,确保数据处理的速度和准确性。该软件还能提供详细的精度分析报告,包括单位权中误差、每公里全中误差等指标,帮助用户评估平差结果的可靠性。通过分析残差等信息,其能够帮助用户识别出可能存在问题的测量数据,从而实现数据质量的控制和提升。此外,该软件的设计还考虑了与其他 GIS 软件或测绘软件的兼容性,支持多种数据格式的导入与导出。同时,该软件的架构支持易于扩展,可以根据用户的特定需求添加新的功能或模块。

野外数据质量检核的目的是通过对野外测量数据进行初步分析,确保数据的质量满足后续平差处理的要求。这一步骤包括附和路线检核和闭合环检核两项关键技术。在附和路线检核中,主要采用闭合差比较法来评估数据质量。实际的闭合差计算公式如式(6-1)所示:

$$\Delta H_{\text{实}} = \sum_{i=1}^{n} h_i - (H_{\text{终}} - H_{\text{起}})\qquad(6\text{-}1)$$

式中,h_i 为各测段的高差,$H_{\text{终}}$、$H_{\text{起}}$ 分别为附和路线终点和起点的已知高程。

容许闭合差的计算公式如式(6-2)所示:

$$\Delta H_{\text{容许}} = \pm k \sqrt{L}\qquad(6\text{-}2)$$

式中,k 为依据水准等级确定的常数,L 为附和路线的总长度。

对于闭合环的检核,采用相似的方法,但考虑的是利用闭合环的总周长来确定闭合差的合理范围。这一步骤确保了数据在几何上的一致性和闭合性。

内业平差处理:利用数学和统计方法对测量数据进行分析和校正,最终确定未知点的高程。该过程主要采用最小二乘法,其具体步骤如下。

从文本或 Excel 文件中读取已知点的高程和测量数据,并对这些数据进行初步处理,以构建后续计算所需的数据结构。

根据预处理得到的数据,构建观测方程,观测方程如式(6-3)所示:

$$v = B\delta h - l\qquad(6\text{-}3)$$

式中,v 为观测量的残差向量,B 为设计矩阵,δh 为未知高程的改正数向量,l 为观测值与初始近似值之差。

权重矩阵的计算公式如式(6-4)所示:

$$P = \text{diag}\left(\frac{1}{\sigma_i^2}\right)\qquad(6\text{-}4)$$

式中,σ_i^2 为第 i 个观测值的方差。

随后,利用方程 $N\delta h = t$ 以及最小二乘法求出未知点的高程改正数。其中,$N = B^{\mathrm{T}}PB$,$t = B^{\mathrm{T}}Pl$,利用式 $\delta h = N^{-1}t$ 求出未知点高程改正数,进而求出所有未知点的高程。

在精度评定和结果输出方面,单位权中误差和每公里全中误差的计算结果可以用于评估平差结果的精度。最终将平差后的高程值、改正数、中误差等结果输出至 Excel 文件,以便于后续的分析和使用。

(6)移动变形值在线计算功能

在地质学领域,对地面或结构的移动变形进行精确的测量与分析是至关重要的。这不仅能够评估当前的安全状况,还能够预测未来可能出现的风险,从而采取相应的预防措施。因此,开发一款能够自动处理测量数据、计算移动变形值并提供图形化输出和数据报告的软件显得尤为必要。本平台所开发的在线移动变形值计算功能,旨在为矿山采动沉陷灾害的监测、预警和决策支持提供实时、准确的数据。该功能通过分析矿区内特定监测点的空间位置数据,计算出监测点的移动变形值,从而可有效预测和评估矿山采动导致的地表沉陷及其对周围环境的影响。

该功能的实现涉及多个步骤,包括数据预处理、坐标转换、移动变形值计算以及结果的可视化展示等。整个过程利用 Python 编程语言及其科学计算和数据处理库来完成,主要依赖 numpy、pandas、ezdxf 等库。首先,使用 pandas 库读取监测点的基准时段数据和观测时段数据,这些数据包含点号、X 坐标、Y 坐标和高程信息。数据预处理的目的是格式化输入数据,便于后续处理。然后,利用 numpy 库进行坐标转换,将监测点的坐标转换为相对开切眼的局部坐标系中的坐标。这一步骤是为了简化移动变形值的计算过程,确保计算结果的准确性。计算过程中,根据监测点在基准时段与观测时段的坐标变化,利用数学公式来计算每个监测点的水平移动距离、垂直下沉量以及相应的变形率等参数。在该过程中,使用 numpy 库来进行高效的数值运算。最后,使用 ezdxf 库生成 DXF 文件,将计算结果在 CAD 软件中进行可视化展示。这一步骤包括绘制监测点的位置、移动轨迹以及标注相关变形参数,以便于工程师和决策者能够直观地理解监测数据和变形情况。其具体实施细节如下。

① 通过 pandas.read_csv() 函数读取 CSV 格式的监测数据,将数据加载到 DataFrame。分别对基准时段和观测时段的监测点数据进行处理,提取必要的坐标和高程信息。

② 坐标转换是基于数学中的坐标旋转公式来实现的。给定一个点在全局坐标系下的坐标(X,Y),将其转换为相对开切眼的局部坐标系中的坐标(x,y),计算公式如式(6-5)所示:

$$x = (X - X_0) \cdot \cos\theta - (Y - Y_0) \cdot \sin\theta$$
$$y = (Y - Y_0) \cdot \cos\theta - (X - X_0) \cdot \sin\theta \tag{6-5}$$

式中,X_0、Y_0 为开切眼的坐标,θ 为局部坐标系相对全局坐标系的旋转角度。

移动变形值是根据监测点在不同时间的坐标变化来确定的。水平移动距离、垂直下沉量可通过计算两个时段的坐标差得到。变形率等其他参数可根据具体的地质和工程条件,通过相关公式进行计算得到。水平移动距离 D_h 和垂直下沉量 D_v 的计算公式如下:

$$\begin{cases} D_h = \sqrt{(X_{t_2} - X_{t_1})^2 + (Y_{t_2} - Y_{t_1})^2} \\ D_v = Z_{t_2} - Z_{t_1} \end{cases} \tag{6-6}$$

式中,$(X_{t_1}, Y_{t_1}, Z_{t_1})$ 以及 $(X_{t_2}, Y_{t_2}, Z_{t_2})$ 分别为监测点在基准时段和观测时段的三维坐标。

变形率的计算公式如式(6-7)所示:

$$i = \frac{D_v}{l} \tag{6-7}$$

式中,i 为变形率,D_v 为垂直下沉量,l 为两监测点之间的距离。

曲率的计算公式如式(6-8)所示:

$$K = \frac{\Delta i}{l} = \frac{i_2 - i_1}{l} \tag{6-8}$$

式中，K 为曲率，Δi 为相邻两点变形率的差，l 为相邻两点之间的距离，i_1、i_2 分别为相邻两点的变形率。

水平移动变形率的计算公式如式（6-9）所示：

$$e = D_h / l \tag{6-9}$$

式中，e 为水平移动变形率，D_h 为水平移动距离，l 为两监测点之间的距离。

③ 利用 ezdxf 库创建新的 DXF 文档，并通过编程方式添加点、线、文本等图形元素。为每个监测点绘制位置标记，根据移动变形值绘制监测点移动轨迹，同时标注各项变形参数，最终生成可在 CAD 软件中打开的 DXF 文件。

移动变形值在线计算功能的实现，为矿山采动沉陷灾害的监测和预警提供了强有力的技术支持。通过应用 Python 编程语言及相关库，实现了从数据处理到变形计算，再到结果可视化的全流程自动化，显著提高了矿山安全监测的效率和准确性。此外，生成的 CAD 文件为工程师提供了直观的分析和决策基础，对于矿山安全生产具有重要意义。

6.4　PSPM 平台简介

PSPM 平台是由安徽理工大学空间信息与测绘工程学院自主研发的。PSPM 平台主要由数据采集系统、通信设备、数据存储和管理系统、监测平台用户界面等组成。该平台利用 GNSS 传感器实时获取监测点的地表沉降数据，并将这些数据发送至服务器进行存储与处理，以获取实时地表变形量和事后精确变形量。该平台还提供统计分析、对比分析、预报预警、数据下载等功能，具有高精度、低成本、可持续监测等优点，为相关从业人员提供了及时可靠的信息。

6.4.1　平台登录界面

PSPM 平台初始登录界面如图 6-8 所示，主要展示了数字通信平台的入口特征。界面上方分布着代表数字化和通信技术的图标，如卫星、云计算、基站等，这些元素以流动的动态视觉效果呈现，象征着信息的传递和数据的交换。登录区域设计简洁明了，提供了用户输入账号和密码的功能，以及一个动态验证码系统，用以确保登录过程的安全性。平台为不同类型的用户提供了唯一的账号，这些账号由平台管理员根据规则进行分配。用户首次登录后，账号和密码可保存在本地计算机，下次登录时无须重新输入。账号由 4 位字符和 12 位数字组成，其中前 4 位表示用户类型，后 12 位则与项目编码方式相似。整个登录过程旨在提供快速、简便的用户体验，同时安全特性确保了信息的保密性和账号的安全性。

6.4.2　平台主界面

登录完毕后，便可进入 PSPM 平台的主界面，如图 6-9 所示。PSPM 平台主界面以地图的形式展示区域信息，包括城市和地理边界，以及主要的地形特征。这种直观的地图服务为用户提供了易于理解和操作的视图，能够使用户快速获取所在区域的地理信息。主界面左

图 6-8　PSPM 平台初始登录界面

侧为具体的项目应用汇总列表,用户点击相应的项目名称即可进入详细的项目工程。同时,具体项目分布的地理位置在地图中以蓝色标记点呈现,鼠标悬停时会显示具体的地理位置、项目名称以及经纬度。主界面的设计考虑了用户与地图之间的交互,支持缩放、平移和详细信息查询等操作。用户可以点击任一标记点进入项目,获取更多详细信息。

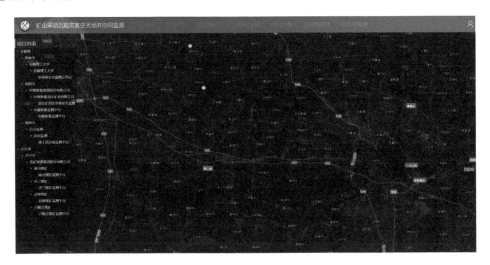

图 6-9　PSPM 平台的主界面

6.4.3　在线工作面底图展示

PSPM 平台提供的工作底图共有四种,分别为"影像底图""数字地面模型""虚拟现实模型""CAD 图纸"。这些底图均可支持鼠标缩放和标尺缩放功能,增强了用户界面的交互体验。针对不同监测项目,平台可提供概略定位功能,实现快速定位和地图中心移动,优化关键监测点的可视化展示。平台支持多种底图模式的切换,为用户提供了多角度、多维度的矿区地形地貌展示。平台还能修正关键区域,确保底图展示的准确性。

（1）影像底图

影像底图如图 6-10 所示,其以高分辨率的卫星或航空像片为基础,可为用户展现地面的真实情况。

图 6-10　影像底图

以安徽板集煤矿自动化监测平台为例,用户可通过该影像底图清晰地识别出田地、河流、道路以及建筑物等,并支持自由缩放。同时,影像底图上叠加了工程编号以及位置标记,可以帮助用户快速识别和定位特定的工作区域或关注点。位置标记点对应相应的监测站,当用户点击该标记点时,平台将实时显示相应的监测站信息,包括 x 方向、y 方向、z 方向的位移过程、累计位移以及位移速率。通过影像底图的展示,平台确保了用户在进行相关查询操作时,能够得到最直观、最真实的地面参考。

（2）数字地面模型

数字地面模型如图 6-11 所示。数字地面模型集成了其他地理信息数据,支持高级的空间分析和可视化,为用户提供了立体的地表展示。用户可在三维空间中进行旋转、缩放等操作,以便从不同角度理解和分析地形数据。在数字地面模型中,同样对工作面的相关位置信息以及监测站的位置进行了标记,这样可优化监测点的可视化效果,方便用户查看矿区监测的相关信息。

（3）虚拟现实模型

在 PSPM 平台中,虚拟现实模型提供了一种独特的、动态的方式来展示和分析地质变化。虚拟现实模型如图 6-12 所示,该模型通过鲜明的热力图展现地表沉降的过程和未来变化的趋势,连续的色彩渐变直观地展示了矿区地表沉陷的程度。其中,红色至黄色代表沉陷程度较重的区域,而绿色代表稳定区域。这种直观的色彩编码方式能够帮助用户迅速识别

图 6-11　数字地面模型

出高风险区域。此模型提供了时间序列分析的视图,用户可以看到地表沉陷随时间变化的规律。这种动态展示方式对于监测地表沉陷进程至关重要,也有助于评估地表沉陷对环境和基础设施可能造成的长期影响。

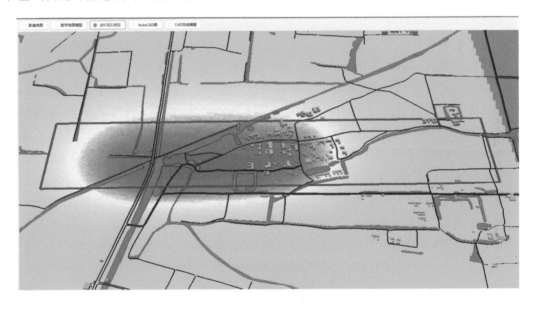

图 6-12　虚拟现实模型

（4）CAD 图纸

CAD 图纸如图 6-13 所示。CAD 图纸提供了矿区的详尽布局,包括开采区域、基础设施位置以及关键监测点的精确位置。用户可以通过平台的交互工具来放大、缩小和选择特定的 CAD 图层,同时支持用户实时下载对应的 CAD 图纸,方便查询。平台还支持项目信息及相关计算结果 CAD 文件的自主上传,提供在线实时编辑、修改与预览功能。

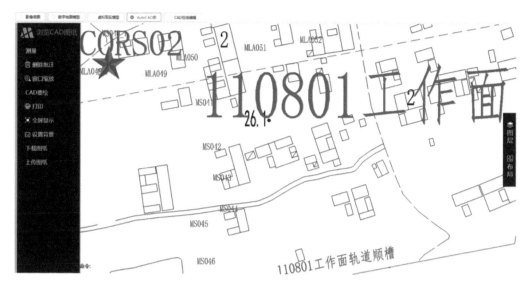

图 6-13　在线 CAD 图纸

6.4.4　在线 CAD 编辑功能

目前,平台已实现了在线 CAD 编辑功能,如图 6-14 所示。该功能将测量、数据处理与 CAD 设计紧密结合在一起,为用户提供了一个从数据上传到结果下载的全流程解决方案。这一创新功能可有效提高工作效率,简化工程设计与数据处理的复杂性,为用户带来更加便捷的体验。

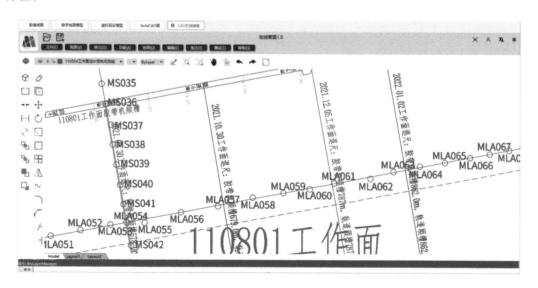

图 6-14　在线 CAD 编辑功能示意

该功能支持用户自主上传项目信息及相关计算结果的 CAD 文件，进一步增强了其实用性和灵活性。一旦文件上传至平台，用户即可利用在线实时编辑、修改与预览功能，动态展现计算与设计的结果。这不仅为用户提供了便利，还保证了设计的灵活性和准确性。通过实时预览功能，用户能够即时查看修改效果，确保设计结果符合预期和要求。

该功能注重用户交互体验的设计，以确保平台操作简洁直观。在线编辑工具充分考虑了用户的操作习惯和需求，提供了用户友好的界面和流畅的操作体验。此外，平台还提供了简洁明了的下载与在线再编辑功能，用户能够方便快捷地下载设计结果，或者基于原有设计进行进一步的修改和优化。

6.4.5 实时监测监控功能

(1) 气象监测

气象监测界面如图 6-15 所示。该界面列出了测点名称、测站编号以及最新的测量值和测量时间，时间节点以 1 h 为间隔。界面设计确保用户能够迅速检查并分析各监测站的实时数据。此外，系统记录了每个测站的数据更新时间，可以帮助用户了解监测数据的最新状态。气象监测功能还可进行降雨量的实时数据收集，此时在界面上展示降雨记录的时间序列，包括测站编号和相应时间点的降雨量。

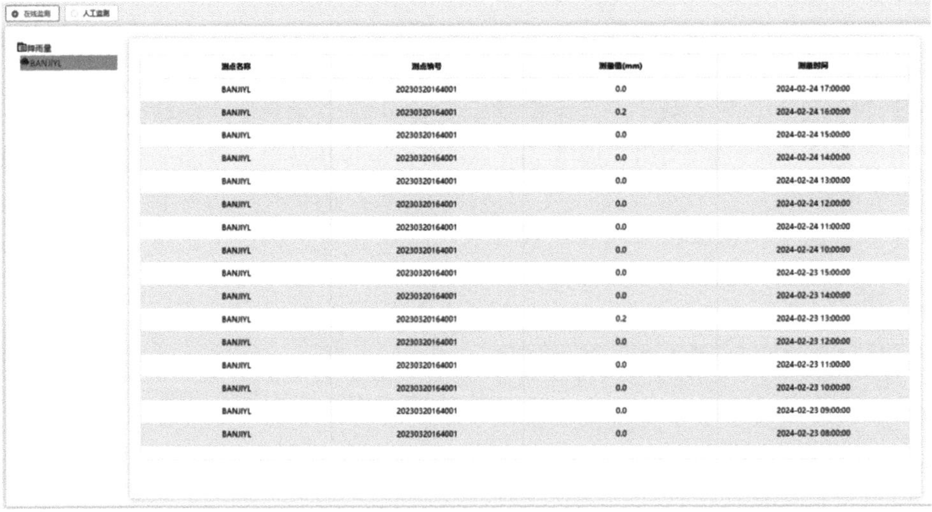

测点名称	测点编号	测量值(mm)	测量时间
BANJIYL	20230320164001	0.0	2024-02-24 17:00:00
BANJIYL	20230320164001	0.2	2024-02-24 16:00:00
BANJIYL	20230320164001	0.0	2024-02-24 15:00:00
BANJIYL	20230320164001	0.0	2024-02-24 14:00:00
BANJIYL	20230320164001	0.0	2024-02-24 13:00:00
BANJIYL	20230320164001	0.0	2024-02-24 12:00:00
BANJIYL	20230320164001	0.0	2024-02-24 11:00:00
BANJIYL	20230320164001	0.0	2024-02-24 10:00:00
BANJIYL	20230320164001	0.0	2024-02-23 15:00:00
BANJIYL	20230320164001	0.0	2024-02-23 14:00:00
BANJIYL	20230320164001	0.2	2024-02-23 13:00:00
BANJIYL	20230320164001	0.0	2024-02-23 12:00:00
BANJIYL	20230320164001	0.0	2024-02-23 11:00:00
BANJIYL	20230320164001	0.0	2024-02-23 10:00:00
BANJIYL	20230320164001	0.0	2024-02-23 09:00:00
BANJIYL	20230320164001	0.0	2024-02-23 08:00:00

图 6-15　气象监测界面

(2) 实时数据监测可视化

实时数据监测可视化功能是本平台的关键组成部分，可为用户提供矿区变形数据的图形化展示。实时数据监测界面如图 6-16 所示，每个监测站的实时数据能够以图表形式清晰展现。每行数据提供了精确的监测站平面坐标和高程信息，以及在三个维度（Δx，Δy，ΔH）上的位移变化量。同时，用户可从左上角选择不同的参考坐标系（如 CGCS2000 坐标系、矿区站心坐标系、矿区 BJ-54 坐标系），获得对应参考坐标系下的监测结果。每个监测点的数据以时间序列图的形式呈现，允许用户观察特定时间点的位移趋势。图 6-16 中的折线代表了不同方向不同时间点的位移变化,用户可以通过鼠标触碰的方式来获取相关数据。该功能提供了一种直观的方式来分析位移的动态性和趋势。通过该方式,监测站的实时状态可以清晰地展示出来。

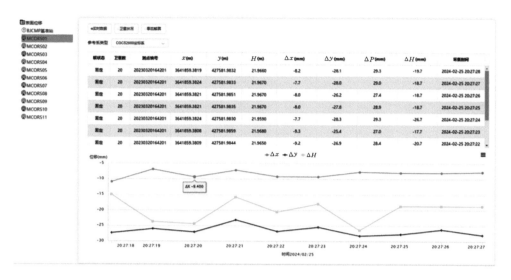

图 6-16　实时数据监测界面

（3）卫星状况监控

卫星状况监控界面如图 6-17 所示。本界面为平台的卫星状况监控功能,用户可以在此获得当前连接的卫星数量和类型的实时信息。该功能通过星空图和信噪比(SNR)条形图提供数据,其中星空图显示了 BDS、GPS(全球定位系统)和 GLONASS(格洛纳斯导航卫星系统)卫星在天空中的分布情况,SNR 条形图则反映了各卫星信号的质量。红色代表 BDS卫星,蓝色代表 GPS 卫星,绿色代表 GLONASS 卫星。此功能确保用户在任何给定时间点都能监控所依赖的空间数据基础设施状态,利用这些信息,用户可以评估卫星数据的可靠性及监测系统的整体性能。

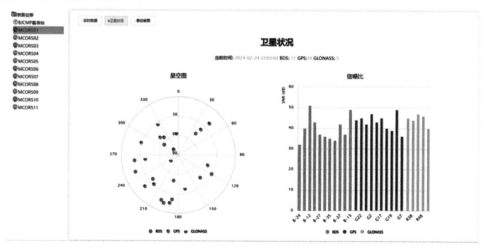

图 6-17　卫星状况监控界面

(4) 事后解算

事后解算界面如图 6-18 所示。本界面展示的是监测数据的事后解算功能,该功能展现了各个监测点的位移数据,包括横向(Δx)、纵向(Δy)和垂直方向(ΔH)的位移监测结果。这些数据经过精确的后处理解算,提供了地表变形的详细信息,用户可通过点击界面左侧的监测站列表,自主选择需要查阅的监测站的事后解算数据,数据记录的时间节点为每小时一次。该功能支持识别潜在的地质活动并进行稳定性评估。

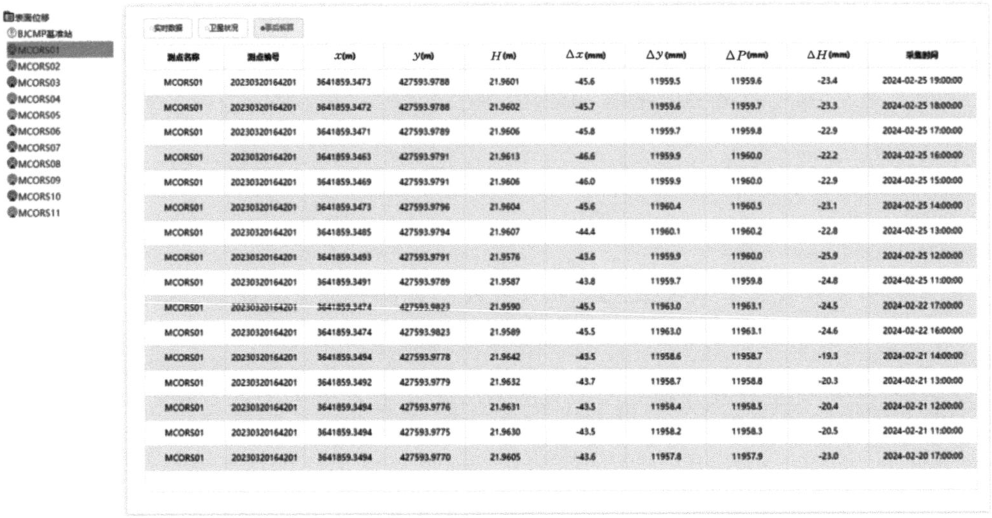

测点名称	测点编号	x(m)	y(m)	H(m)	Δx(mm)	Δy(mm)	ΔP(mm)	ΔH(mm)	采集时间
MCORS01	20230320164201	3641859.3473	427593.9788	21.9601	-45.6	11959.5	11959.6	-23.4	2024-02-25 19:00:00
MCORS01	20230320164201	3641859.3472	427593.9788	21.9602	-45.7	11959.6	11959.7	-23.3	2024-02-25 18:00:00
MCORS01	20230320164201	3641859.3471	427593.9789	21.9606	-45.8	11959.7	11959.8	-22.9	2024-02-25 17:00:00
MCORS01	20230320164201	3641859.3463	427593.9791	21.9613	-46.6	11959.9	11960.0	-22.2	2024-02-25 16:00:00
MCORS01	20230320164201	3641859.3469	427593.9791	21.9606	-46.0	11959.9	11960.0	-22.9	2024-02-25 15:00:00
MCORS01	20230320164201	3641859.3473	427593.9796	21.9604	-45.6	11960.4	11960.5	-23.1	2024-02-25 14:00:00
MCORS01	20230320164201	3641859.3485	427593.9794	21.9607	-44.4	11960.1	11960.2	-22.8	2024-02-25 13:00:00
MCORS01	20230320164201	3641859.3493	427593.9791	21.9576	-43.6	11959.9	11960.0	-25.9	2024-02-25 12:00:00
MCORS01	20230320164201	3641859.3491	427593.9789	21.9587	-43.8	11959.7	11959.8	-24.8	2024-02-25 11:00:00
MCORS01	20230320164201	3641859.3474	427593.9823	21.9590	-45.5	11963.0	11963.1	-24.5	2024-02-22 17:00:00
MCORS01	20230320164201	3641859.3474	427593.9823	21.9589	-45.5	11963.0	11963.1	-24.6	2024-02-22 16:00:00
MCORS01	20230320164201	3641859.3494	427593.9778	21.9642	-43.5	11958.6	11958.7	-19.3	2024-02-21 14:00:00
MCORS01	20230320164201	3641859.3492	427593.9779	21.9632	-43.7	11958.7	11958.8	-20.3	2024-02-21 13:00:00
MCORS01	20230320164201	3641859.3494	427593.9776	21.9631	-43.5	11958.4	11958.5	-20.4	2024-02-21 12:00:00
MCORS01	20230320164201	3641859.3494	427593.9775	21.9630	-43.5	11958.2	11958.3	-20.5	2024-02-21 11:00:00
MCORS01	20230320164201	3641859.3494	427593.9770	21.9605	-43.6	11957.8	11957.9	-23.0	2024-02-20 17:00:00

图 6-18 事后解算界面

(5) 设备状态监测

设备状态监测界面如图 6-19 所示。该模块可向用户详细展示每个监测站的关键设备参数,如通信信号强度和电池电压等。这些参数是评估设备运行状况和监测系统整体健康状况的基础。利用这些数据,技术人员可以迅速识别出需要维护或更换电池的设备,从而确保监测系统的连续运行。该功能实现了对监测设备运行状态的实时跟踪。

6.4.6 统计分析功能

(1) 气象监测数据统计

气象监测数据统计界面如图 6-20 所示,本界面为本平台统计分析功能中的气象监测功能,在图 6-20 中,用户可看到不同日期和时间点的降雨量记录,并可以通过不同颜色来区分降雨量预警状态。这些信息可以用于评估可能对矿区地质稳定性产生影响的降雨事件。用户可根据日期和时间筛选出相关的气象数据。例如,用户可能想要查看过去一周内的降雨量数据,或者在特定日期查看小时级别的降雨量变化情况。此外,用户还可以按照日、月或年等不同的统计时间尺度来检索数据。

(2) 监测点变形分析

监测点变形分析界面如图 6-21 所示,用户点击界面左侧监测点信息列表即可查阅不同监测站的地表位移情况。通过数据展示及分析工具,用户可对矿区的稳定性及变形活动进

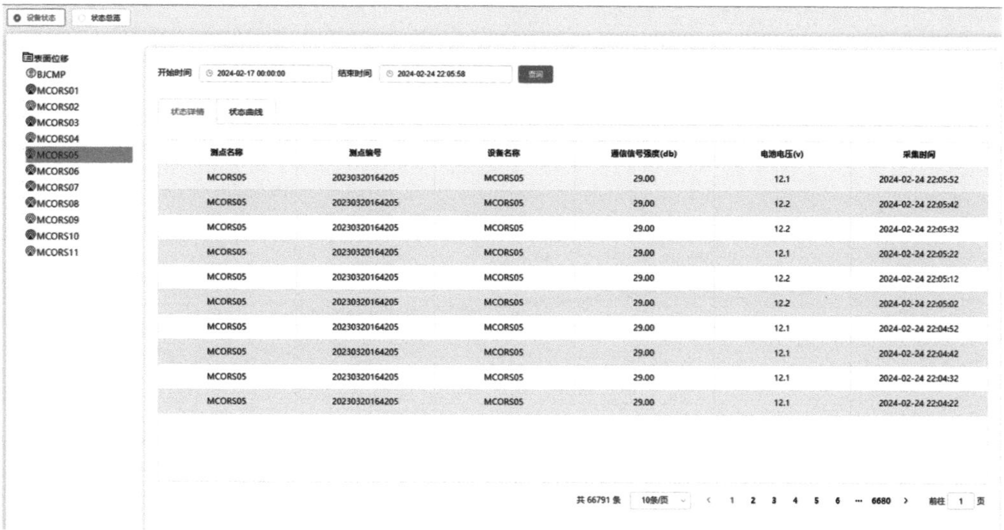

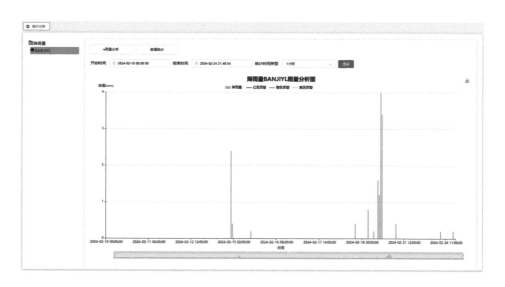

图 6-19 设备状态监测界面

图 6-20 气象监测数据统计界面

行细致分析。同时,用户可从界面左上角选择不同的参考坐标系,获得对应参考坐标系下的监测结果。用户也可自主选择"静态 1 小时""动态 1 小时""动态 6 小时""动态 12 小时""动态 24 小时"的统计时间类型,来获得相应的结果。通过长时间跨度的数据显示,用户可以分析监测点的变形趋势,识别出潜在的风险和模式。总位移曲线提供了一个综合视图,显示了从初始点开始的总体地面移动情况。

（3）累计变形分析

累计变形分析界面如图 6-22 所示,用户点击界面左侧监测点信息列表即可获得不同监

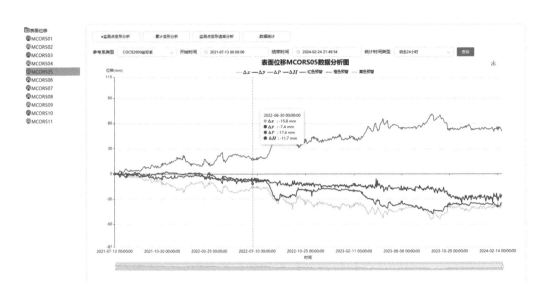

图 6-21　监测点变形分析界面

测站累计变形数据的直观展示。该功能展示了指定监测点在指定时间段内的累计位移,包括横向、纵向、垂直方向上的位移以及总位移。每个颜色代表的柱状图分别对应不同方向的位移,使用户能够迅速识别出最显著的变形方向和量级。图表中的累计位移数据可为用户提供从监测开始至当前时间点的总变形量,有助于观察变形的累积效应。同时,用户可从界面左上角选择不同的参考坐标系,获得对应参考坐标系下的监测结果。用户也可自主选择"静态 1 小时""动态 1 小时""动态 6 小时""动态 12 小时""动态 24 小时"的统计时间类型,来获得相应的结果。图表会根据最新的监测数据及用户选择的时间区间进行动态更新。

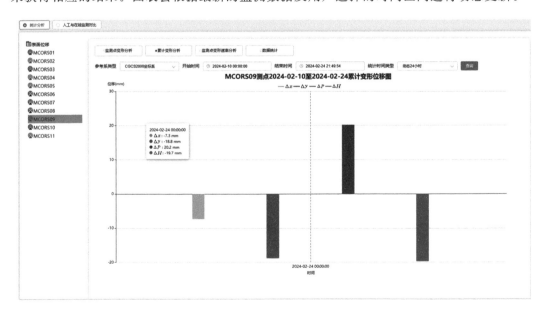

图 6-22　累计变形分析界面

（4）监测点变形速率分析

监测点变形速率分析界面如图 6-23 所示，用户点击界面左侧监测点信息列表即可获得不同监测站监测点变形速率的直观展示。该模块记录了监测点在不同时间点的变形速率，包括横向变形速率、纵向变形速率、总变形速率以及垂直变形速率，并提供了实时的变形速率监控，允许用户观察每个监测点随时间变化的位移情况。此外，用户可观察到监测点在不同方向上的位移速率，这有助于识别出哪些方向上的变形最为显著。用户可选择特定的时间段进行查看，分析特定事件或条件下的变形速率变化。通过观察数据趋势线，用户可识别出变形速率的增减趋势。

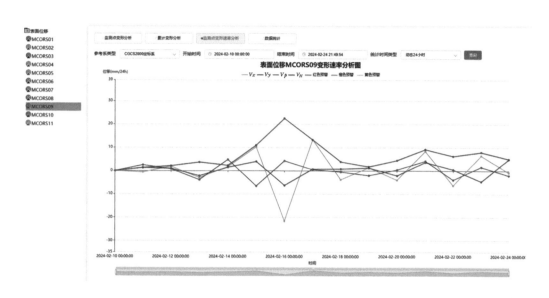

图 6-23　监测点变形速率分析界面

（5）数据统计

数据统计界面如图 6-24 所示。该模块提供了各个监测站的综合数据记录，包括监测站的绝对坐标以及相应的位移变化，为地面变形提供了直观的量化指标。表格中显示了每个监测点的最新数据记录，确保管理人员能够随时访问最新的监测数据。该模块还允许用户查看和分析历史数据，以便识别长期变形模式或任何异常变化。用户可以根据需要对数据进行筛选和排序，这样更快地找到关键信息。

6.4.7　对比分析功能

对比分析功能界面如图 6-25 所示。平台允许用户选择多个监测点，通过图表直观比较它们的变形数据。用户可选择特定时间段进行数据对比，分析监测点的变形趋势。通过线图和柱状图等多种图表类型展示数据，可以使对比结果更清晰。同时，用户可从界面左上角选择不同的参考坐标系，获得对应参考坐标系下的对比结果。用户也可自主选择"每 1 小时""每 2 小时""每 6 小时""每 12 小时""每 24 小时"的统计时间类型，来获得相应的结果。该功能可分析和比较不同监测点或同一监测点在不同时间段的变形数据。通过对比分析，

监测站点	x(m)	y(m)	H(m)	Δx(mm)	Δy(mm)	ΔP(mm)	ΔH(mm)	V_x(mm/24h)	V_y(mm/24h)	V_H(mm/24h)	统计数量	统计时间
MCORS05	3641878.2596	427511.8617	24.3848	-36.2	-35.2	50.5	-24.7	1.60	0.30	3.70	1681	2024-02-24 00:00:00
MCORS05	3641878.2580	427511.8614	24.3811	-37.8	-35.5	51.9	-28.4	2.80	-1.00	-0.50	4348	2024-02-23 00:00:00
MCORS05	3641878.2552	427511.8624	24.3816	-40.6	-34.5	53.3	-27.9	-0.60	1.30	1.20	2750	2024-02-22 00:00:00
MCORS05	3641878.2558	427511.8611	24.3804	-40.0	-35.8	53.7	-29.1	1.50	2.30	-5.10	1758	2024-02-21 00:00:00
MCORS05	3641878.2543	427511.8588	24.3855	-41.5	-38.1	56.3	-24.0	-1.20	0.40	3.00	3201	2024-02-20 00:00:00
MCORS05	3641878.2555	427511.8584	24.3825	-40.3	-38.5	55.7	-27.0	-1.70	0.00	0.70	8156	2024-02-19 00:00:00
MCORS05	3641878.2572	427511.8584	24.3818	-38.6	-38.5	54.5	-27.7	-0.90	-0.50	0.50	8279	2024-02-18 00:00:00
MCORS05	3641878.2581	427511.8589	24.3813	-37.7	-38.0	53.5	-28.2	2.50	0.50	2.20	8488	2024-02-17 00:00:00
MCORS05	3641878.2556	427511.8584	24.3791	-40.2	-38.5	55.7	-30.4	-6.70	0.30	2.10	8375	2024-02-16 00:00:00

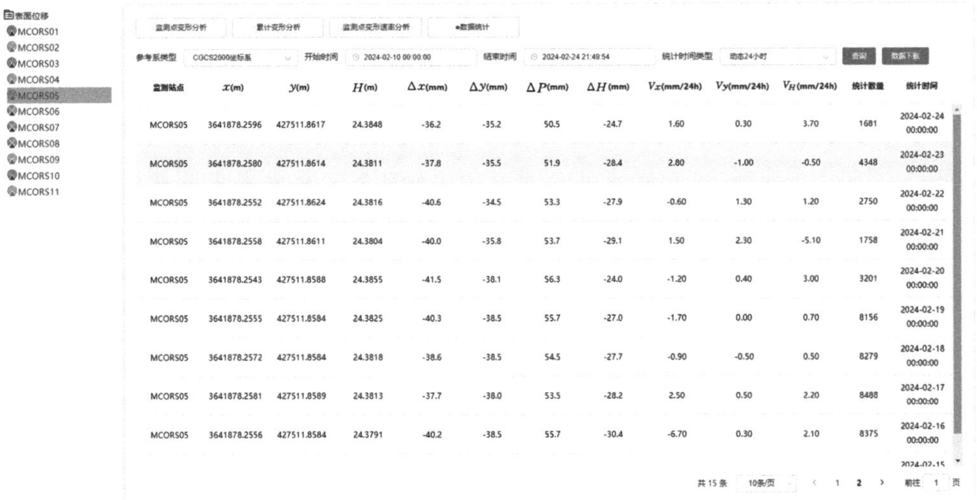

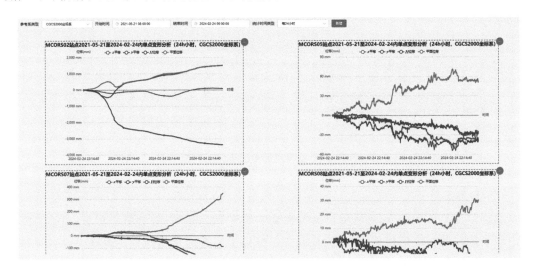

图 6-24　数据统计界面

用户可评估潜在的风险,并制定相应的预防措施。

图 6-25　对比分析功能界面

6.4.8　预警管理功能

预警管理功能界面如图 6-26 所示,本平台可不间断地监测系统状态并更新数据,实现实时预警功能。用户可以通过该功能查阅监测站列表,快速了解每个监测点的工作状况。本平台记录了每次预警的详细信息,包括时间信息和状态信息。用户可在线获得数据预警日志以及设备预警日志,进行历史数据分析。预警信息按照紧急程度分级,以帮助用户区分处理事务的优先级。

图 6-26 预警管理功能界面

6.4.9 平台权限管理功能

平台权限管理功能界面如图 6-27 所示。本平台通过细致分化的用户角色和权限管理系统来确保操作的有效性和数据的安全性,平台采用了基于角色的访问控制模型,可为不同类型的用户分配特定的权限。这种访问模式不仅限制了用户对敏感数据的访问,而且提供了操作的灵活性,确保了数据的准确性和完整性。平台内部有八类用户(见第 6.3.1 节),这些用户类型从平台管理用户(具有所有权限)到项目级过客用户(仅能浏览特定项目),确保了不同级别的用户需求均能得到满足。

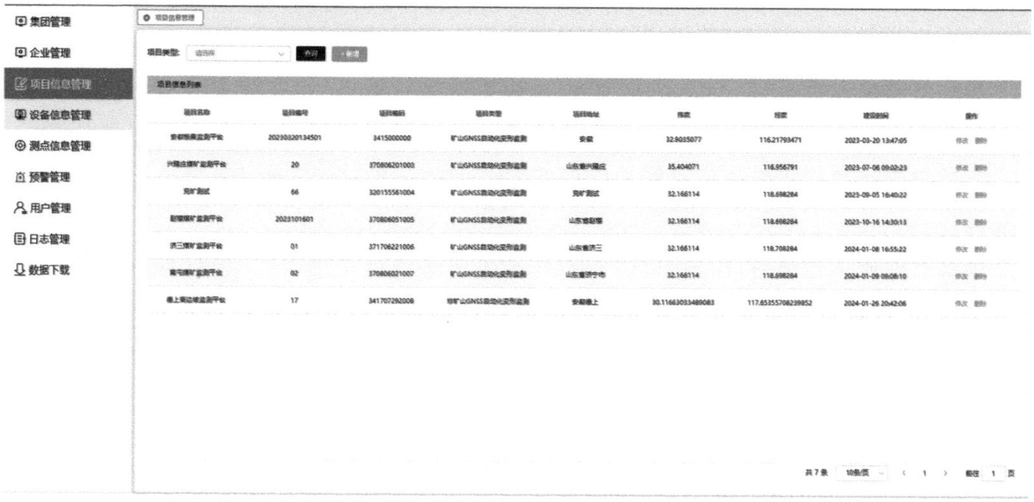

图 6-27 平台权限管理功能界面

6.4.10　水准外业测量成果在线检核与平差功能

本书开发了一套专门对水准测量的外业数据进行质量检核和平差处理的在线软件。该软件设计了一个用户友好且易于操作的界面,无论是初学者还是经验丰富的专业人士,都能快速掌握其使用方法。水准外业测量成果在线检核与平差功能展示如图 6-28 所示。

图 6-28　水准外业测量成果在线检核与平差功能展示

在使用过程中,用户首先需要填写"水准测量等级""数据处理时间""水准测量时间""数据处理人姓名"。随后,用户需对外业水准数据按照软件要求的格式进行整理,并通过软件提供的上传功能上传水准测量数据文件。该软件特别设计了数据整理格式示例,确保用户可以按照严格的格式要求上传文件,避免数据处理过程中的错误。数据整理格式示例分为两部分:上半部分包含测段信息,下半部分则包含已知点的信息。

数据上传完成后,用户可以点击"生成外业质量检核报告"。该报告对野外测量数据进行了初步分析,包括附和路线检核和闭合环检核,以确保数据质量满足后续平差处理的要求。检核报告将直接指出任何可能的问题和建议的改进措施,以确保测量数据的准确性和可靠性。

确认外业质量合格后,用户可进一步点击"生成平差结果报告"。该软件内部采用高效的数据处理算法进行内业平差处理,包括最小二乘法等数学和统计方法,以确定未知点的高程。平差结果包括平差后的高程值、改正数、单位权中误差和每公里全中误差等指标,这些结果将输出至 Excel 文件,以方便用户进行后续的分析和使用。用户可通过软件提供的详细精度分析报告来评估平差结果的可靠性。

6.4.11　移动变形值在线计算功能

本平台开发了一款移动变形值在线计算功能,如图 6-29 所示。该工具可精确测量和分析地面或结构的移动变形情况,这样不仅有助于评估当前的安全状况,还能预测未来可能出现的风险,从而采取相应的预防措施。该功能可自动化处理测量数据和计算移动变形值,并能够提供图形化输出和详细报告,有效提高了数据处理的效率和准确性。

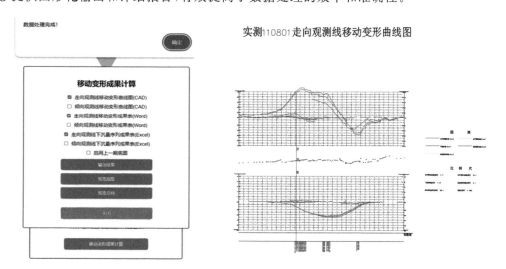

图 6-29　地表移动变形值在线计算功能展示

参 考 文 献

[1] 安徽理工大学导航定位技术应用研究所,淮南矿业(集团)有限责任公司.淮南矿区岩移规律及相关参数研究研究报告[R].淮南:安徽理工大学,2019.

[2] 安徽理工大学导航定位技术应用研究所,淮南矿业(集团)有限责任公司.潘谢矿区巨厚松散层下开采沉陷边界参数研究研究报告[R].淮南:安徽理工大学,2019.

[3] 安徽理工大学导航定位技术应用研究所,中煤新集能源股份有限公司.板集煤矿巨厚松散层深井单翼开采岩土移动规律及对工广建(构)筑物影响研究研究报告[R].淮南:安徽理工大学,2023.

[4] 安徽理工大学导航定位技术应用研究所,中煤新集刘庄矿业有限公司.新集矿区巨厚松散层及推覆体下开采地表(岩层)移动变形规律研究研究报告[R].淮南:安徽理工大学,2019.

[5] 池深深.深井开采地表移动变形响应时空关联模型研究及应用[D].淮南:安徽理工大学,2021.

[6] 池深深,王磊,李楠,等.顾及数据新鲜度函数 Knothe 的开采沉陷最优组合预测模型及应用[J].煤矿安全,2018,49(5):230-234.

[7] 方新建.基于 GPS/BDS 组合的矿区地表变形监测高精度解算模型构建及实现[D].淮南:安徽理工大学,2019.

[8] 韩雨辰,余学祥,仲臣,等.融合光照强度的地磁室内定位方法研究[J].测绘科学,2022,47(7):35-42.

[9] 胡炳南,张华兴,申宝宏.建筑物、水体、铁路及主要井巷煤柱留设与压煤开采指南[M].北京:煤炭工业出版社,2017.

[10] 胡超,王中元,吕伟才,等.一种顾及先验约束的北斗观测数据多路径一步修正模型[J].武汉大学学报(信息科学版),2023,48(1):101-112.

[11] 胡富杰,吕伟才,周福阳,等.一种改进 TransUNet 的高分辨率遥感影像滑坡提取方法[J].无线电工程,2024,54(2):402-409.

[12] 蒋创.基于 InSAR 的开采沉陷全周期三维监测理论与技术及应用研究[D].淮南:安徽理工大学,2022.

[13] 李静娴.厚松散层下开采地表移动变形规律与区域预测模型构建[D].淮南:安徽理工大学,2021.

[14] 吕伟才,高井祥,严超,等.北斗三频载波伪距组合观测值的周跳探测算法研究[J].大地测量与地球动力学,2020,40(2):117-122.

[15] 吕伟才,黄晖,池深深,等.概率积分预计参数的神经网络优化算法[J].测绘科学,2019,44(9):35-41.

[16] 吕伟才,余学祥,张翠英,等.基于 GNSS/GIS 的土地集约利用信息管理系统研究与实践[M].徐州:中国矿业大学出版社,2016.

[17] 谭浩.基于空天地平台监测数据融合的矿区大梯度变形规律研究[D].淮南:安徽理工大学,2021.

[18] 王思远,王坚,韩厚增.城市环境下附有约束条件的室内外协同定位模型[J].测绘科学,2022,47(6):21-29.

[19] 魏民,余学祥,杨旭,等.基于随机森林和反向传播神经网络机器学习方法的区域 ZTD 建模精度分析[J].大地测量与地球动力学,2023,43(7):755-760.

[20] 杨旭,何祥祥,程茂原,等.基于偏最小二乘算法的 BDS-2/BDS-3 卫星钟差短期预报[J].测绘工程,2022,31(5):1-8.

[21] 杨旭,王潜心,常国宾,等.GNSS 历元间电离层延迟实时预测[J].中国矿业大学学报,2019,48(5):1152-1161.

[22] 余学祥,万德钧,王庆,等.GPS 变形监测信息单历元解算的抗差估计方法研究[J].东南大学学报(自然科学版),2004,34(5):618-622.

[23] 余学祥,王庆,万德钧,等.GPS 变形监测信息高精度快速解算方法研究[J].东南大学学报(自然科学版),2003,33(6):758-762.

[24] 余学祥,王庆,王坚,等.导航定位技术概论[M].徐州:中国矿业大学出版社,2022.

[25] 余学祥,徐绍铨,吕伟才.GPS 变形监测数据处理自动化:似单差法的理论与方法[M].徐州:中国矿业大学出版社,2004.

[26] 余学祥,徐绍铨,吕伟才.GPS 变形监测信息的单历元解算方法研究[J].测绘学报,2002,31(2):123-127.

[27] 余学祥,徐绍铨,吕伟才.三峡库区滑坡体变形监测的似单差方法与结果分析[J].武汉大学学报(信息科学版),2005,30(5):451-455.

[28] 余学祥.GPS 测量与数据处理[M].徐州:中国矿业大学出版社,2013.

[29] 余学祥.煤矿开采沉陷自动化监测系统[M].北京:测绘出版社,2014.

[30] 余学祥,董斌,吕伟才,等.GNSS 导航定位原理与应用[M].徐州:中国矿业大学出版社,2020.

[31] 余学祥,吕伟才.抗差卡尔曼滤波模型及其在 GPS 监测网中的应用[J].测绘学报,2001,30(1):27-31.

[32] 余学祥,吕伟才,李静娴,等.巨厚松散层区域开采沉陷规律与预计[M].徐州:中国矿业大学出版社,2023.

[33] 张灿,吕伟才,郭忠臣,等.一种优化的 GA-KF 与 BP-Adaboost 地表下沉组合预测模型[J].大地测量与地球动力学,2023,43(2):203-208.

[34] 赵奕文,王坚,刘严涛,等.基于 UWB 约束条件的城市峡谷区 GPS 定位方法研究[J].北京建筑大学学报,2024,40(1):93-99.

[35] 周绍鸿,方新建,刘鑫怡,等.基于迁移学习和改进 Faster-RCNN 遥感影像飞机目标检测[J].机电工程技术,2024,53(5):172-177.

[36] 朱平,余学祥,韩雨辰,等.一种基于深度学习的高精度行人步长估算方法[J].测绘科学,2023,48(6):19-26.

[37] CHI S S, WANG L, YU X X, et al. Calculation method of probability integration method parameters based on MIV-GP-BP model [J]. Tehnicki vjesnik-technical gazette,2021,28(1): 160-168.

[38] CHI S S, WANG L, YU X X, et al. Research on dynamic prediction model of surface subsidence in mining areas with thick unconsolidated layers[J]. Energy exploration & exploitation,2021,39(3):927-943.

[39] CHI S S, WANG L, YU X X, et al. Research on prediction model of mining subsidence in thick unconsolidated layer mining area[J]. IEEE access,2021,9:23996-24010.

[40] CHI S S, YU X X, WANG L, et al. Angle of critical deformation calculation model of surface subsidence basin based on improved ELM neural network[J]. Fresenius environmental bulletin,2020,29(7):6006-6013.

[41] FANG X J. Analysis of stochastic model in GEO/IGSO/MEO based on triple-frequency observations[J]. International journal of performability engineering, 2018, 14(7):1542-1549.

[42] HAN Y C, YU X X, ZHU P, et al. A fusion positioning method for indoor geomagnetic/light intensity/pedestrian dead reckoning based on dual-layer tent-atom search optimization-back propagation[J]. Sensors,2023,23(18):7929.

[43] JIANG C, WANG L, YU X X, et al. A DPIM-InSAR method for monitoring mining subsidence based on deformation information of the working face after mining has ended[J]. International journal of remote sensing,2021,42(16):6330-6358.

[44] JIANG C, WANG L, YU X X, et al. A new method of monitoring 3D mining-induced deformation in mountainous areas based on single-track InSAR[J]. KSCE journal of civil engineering,2022,26(5):2392-2407.

[45] JIANG C, WANG L, YU X X, et al. DPIM-based InSAR phase unwrapping model and a 3D mining-induced surface deformation extracting method: a case of Huainan mining area[J]. KSCE journal of civil engineering,2021,25(2):654-668.

[46] JIANG C, WANG L, YU X X, et al. Prediction of 3D deformation due to large gradient mining subsidence based on InSAR and constraints of IDPIM model[J]. International journal of remote sensing,2021,42(1):208-239.

[47] JIANG C, WANG L, YU X X. Retrieving 3D large gradient deformation induced to mining subsidence based on fusion of boltzmann prediction model and single-track InSAR earth observation technology[J]. IEEE access,2021,9:87156-87172.

[48] LI J, LIANG Y, CHI S. Parameter solving of probability integral method based on

improved genetic algorithm[J]. Tehnicki vjesnik-technical gazette, 2021, 28 (2): 515-522.

[49] LI J X, YU X X, LIANG Y. A prediction model of mining subsidence in thick loose layer based on probability integral model[J]. Earth sciences research journal, 2020, 24(3):367-372.

[50] XIE S C, YU X X, GUO Z C, et al. Multi-output regression indoor localization algorithm based on hybrid grey wolf particle swarm optimization[J]. Applied sciences, 2023, 13(22):12167.

[51] ZHU M F, YU X X, TAN H, et al. Integrated high-precision monitoring method for surface subsidence in mining areas using D-InSAR, SBAS, and UAV technologies[J]. Scientific reports, 2024, 14:12445.

[52] ZHU M F, YU X X, TAN H, et al. Prediction parameters for mining subsidence based on interferometric synthetic aperture radar and unmanned aerial vehicle collaborative monitoring[J]. Applied sciences, 2023, 13(20):11128.